全国主推高效水产养殖技术丛书

全国水产技术推广总站 组编

中华鳖高效养殖致富技术与实例

何中央 主编

U0395223

中国农业出版社

图书在版编目（CIP）数据

中华鳖高效养殖致富技术与实例／何中央主编 . —
北京：中国农业出版社，2016.6（2017.8重印）
（全国主推高效水产养殖技术丛书）
ISBN 978 - 7 - 109 - 21588 - 7

Ⅰ.①中…　Ⅱ.①何…　Ⅲ.①鳖-淡水养殖　Ⅳ.
①S966.5

中国版本图书馆 CIP 数据核字（2016）第 078056 号

中国农业出版社出版
（北京市朝阳区麦子店街 18 号楼）
（邮政编码 100125）
责任编辑　郑　珂

中国农业出版社印刷厂印刷　　新华书店北京发行所发行
2016 年 6 月第 1 版　　2017 年 8 月北京第 2 次印刷

开本：880mm×1230mm 1/32　　印张：6.375　　插页：2
字数：165 千字
定价：28.00 元
（凡本版图书出现印刷、装订错误，请向出版社发行部调换）

丛书编委会

本书编委会

主　编　何中央　浙江省水产技术推广总站
副主编　张海琪　浙江省淡水水产研究所
　　　　陈学洲　全国水产技术推广总站
　　　　蔡引伟　浙江省水产技术推广总站
编　委　何中央　浙江省水产技术推广总站
　　　　张海琪　浙江省淡水水产研究所
　　　　陈学洲　全国水产技术推广总站
　　　　蔡引伟　浙江省水产技术推广总站
　　　　周　凡　浙江省水产技术推广总站
　　　　王　扬　浙江省水产技术推广总站
　　　　许晓军　浙江省水产技术推广总站
　　　　陈健舜
　　　　王根连　浙江清溪鳖业股份有限公司
　　　　高远明　杭州市余杭区渔业渔政管理总站

丛 书 序

我国经济社会发展进入新的阶段，农业发展的内外环境正在发生深刻变化，加快建设现代农业的要求更为迫切。《中华人民共和国国民经济和社会发展第十三个五年规划纲要》指出，农业是全面建成小康社会和实现现代化的基础，必须加快转变农业发展方式。

渔业是我国现代农业的重要组成部分。近年来，渔业经济较快发展，渔民持续增收，为保障我国"粮食安全"、繁荣农村经济社会发展做出重要贡献。但受传统发展方式影响，我国渔业尤其是水产养殖业的发展也面临严峻挑战。因此，我们必须主动适应新常态，大力推进水产养殖业转变发展方式、调整养殖结构，注重科技创新，实现转型升级，走产出高效、产品安全、资源节约、环境友好的现代渔业发展道路。

科技创新对实现渔业发展转方式、调结构具有重要支撑作用。优秀渔业科技图书的出版可促进新技术、新成果的快速转化，为我国现代渔业建设提供智力支持。因此，为加快推进我国现代渔业建设进程，落实国家"科技兴渔"的大政方针，推广普及水产养殖先进技术成果，更好地服务于我国的水产事业，在农业部渔业渔政管理局的指导和支持下，全国水产技术推广总站、中国农业出版社等单位基于自身历史使命和社会责任，经过认真调研，组建了由院士领衔的高水平编委会，邀请全国水产技术推广系统的科技人员编写了这套《全国主推高效水产养殖技术丛书》。

这套丛书基本涵盖了当前国家水产养殖主导品种和主推

技术，着重介绍节水减排、集约高效、种养结合、立体生态等标准化健康养殖技术、模式。其中，淡水系列 14 册，海水系列 8 册，丛书具有以下四大特色：

技术先进，权威性强。丛书着重介绍国家主推的高效、先进水产养殖技术，并请院士专家对内容把关，确保内容科学权威。

图文并茂，实用性强。丛书作者均为一线科技推广人员，实践经验丰富，真正做到了"把书写在池塘里、大海上"，并辅以大量原创图片，确保图书通俗实用。

以案说法，适用面广。丛书在介绍共性知识的同时，精选了各养殖品种在全国各地的成功案例，可满足不同地区养殖人员的差异化需求。

产销兼顾，致富为本。丛书不但介绍了先进养殖技术，更重要的是总结了全国各地的营销经验，为养殖业者更好地实现科学养殖和经营致富提供了借鉴。

希望这套丛书的出版能为提高渔民科学文化素质，加快渔业科技成果向现实生产力的转变，改善渔民民生发挥积极作用；为加强渔业资源养护和生态环境保护起到促进作用；为进一步加快转变渔业发展方式，调整优化产业结构，推动渔业转型升级，促进经济社会发展做出应有贡献。

本套丛书可供全国水产养殖业者参考，也可作为国家精准扶贫职业教育培训和基层水产技术推广人员培训的教材。

谨此，对本套丛书的顺利出版表示衷心的祝贺！

农业部副部长

前　言

中华鳖（*Pelodiscus sinensis*），亦称甲鱼、团鱼，营养丰富，风味独特，并具有食药兼用的功效，是深受国内外消费者喜爱的美味佳肴和保健食品。

作为我国名特水产养殖品种之一，中华鳖的养殖越来越受到社会各界的广泛关注。尤其是近年来生态文明建设对中华鳖养殖业提出了更高的要求，传统温室养殖因对环境造成的污染大，已逐步被淘汰，洁水、生态、高效、健康养殖模式和技术得到了不断的发展，如池塘生态养殖产出了高品质的商品鳖；虾、鳖混养利用鳖来控制虾的疾病传播；新型两段法养殖缩短了中华鳖的养殖周期；稻、鳖共生每 667 米^2 实现"百斤鳖、千斤粮、万元钱"。这些均取得了显著的经济效益、社会效益和生态效益，帮助了一批渔农民脱贫致富。

为帮助更多的渔农民通过养鳖致富，更好地促进养鳖业的健康可持续发展，编者根据多年的养殖实践经验，综合了国内中华鳖养殖最新成果编成本书，集中华鳖新品种、养鳖新模式与现代新技术于一体，并列举了浙江、湖北等地的养殖实例和经营案例，可供广大中华鳖养殖户、养殖企业及相关水产科研人员、水产技术推广人员参考使用。

鉴于本书编写时间仓促，编者水平有限，书中不妥之处在所难免，敬请读者雅正。

编　者

2016 年 3 月

目 录

第一章 中华鳖养殖概述

第一节 中华鳖养殖发展历程

中华鳖（*Pelodiscus sinensis*），俗称团鱼、甲鱼、王八等，隶属于爬行纲（Reoutlia）、龟鳖目（Testudinata）、鳖科（Tironychidae）、鳖属（*Pelodiscus*），广泛分布于我国各地，现已发展成为我国重要的名特水产养殖品种。经过近30年的快速发展，我国已育成2个中华鳖新品种，构建了中华鳖人工养殖与苗种繁育技术体系，基本形成了从苗种、养殖到加工、贸易以及饲料配套等较为完整的产业体系。2013年全国养殖中华鳖约34.4万吨，产值近200亿元，为渔业增效、渔民增收作出了积极贡献。

国外的人工养鳖始于日本。1899年，服部于静冈建立了日本第一个养鳖场，在自然条件下，进行人工养殖，生产周期长，养殖发展缓慢。20世纪70年代以来，日本川崎义一等采用加温的养殖方法，将饲养水加温并保持到30℃，打破了中华鳖的冬眠，将常温养殖需要4～5年才能达到的规格（体重700～800克）缩短为12～15个月。由于采用了新的加温养鳖技术，日本的养鳖业进入了一个全新的发展时期，产量上升很快，其年产量1975年约为170吨，1978年为192吨，1950年为233吨，1952年为250～300吨，1986—1994年，每年产量基本达到600吨。近一二十年，日本的养鳖业一直保持稳定态势。近几年泰国养鳖业由于得到政府支持，发展很快，据估计，目前泰国已有养鳖场3 000家以上，鳖的价格由1993年的9美元/千克，上升到45美元/千克。从事养鳖业的尚有韩国、马来西亚和新加坡等国家，美国也开始探索中华鳖的养殖。

我国人工养鳖历史源远流长，但始于何时则未见有专门记载。古代范鑫在《养鱼经》一书中有"内鳖则鱼不复去"之说，提供了公元前 460 年我国已在养鱼池中养鳖的证据。我国台湾人工养鳖始于 19 世纪 50 年代，主要集中在南部地区，全盛时期有 170 多个养鳖场，年产鳖近 1 000 吨。20 世纪 80 年代中期之前，我国大陆地区养鳖业发展缓慢，主要是捕捉野生鳖食用，以后逐步走向捕捉与蓄养相结合，并开始少量人工繁殖与常温试养。80 年代中后期，浙江省率先突破中华鳖温室养殖难题以后，中华鳖商业化养殖才真正起步并迅速发展。1985 年，浙江省杭州市开始利用砖混结构温室、锅炉供热，开展了人工快速养鳖技术研究，经 4 年时间，1988 年获得成功，建立了中华鳖的全人工成套综合快速养殖工艺流程。该工艺流程采取锅炉加温促进稚鳖生长的技术，使成鳖养殖周期缩短为 14～16 个月，在鳖卵的孵化、饲料的配合、幼鳖控温强化培育，投饲设施和技术方面取得了突破。孵化率达 93% 以上，稚鳖成活率达 92% 以上，成鳖平均规格 400 克/只，单产 1.89 千克/米^2，折合每 667 米^2 平均产量在 1 000 千克以上，最高达 2 726.8 千克。在此基础上，1989 年杭州市又继续扩大规模，向控温控湿集约化养鳖方向转变，开展工厂化养鳖研究。截至 1993 年年底，杭州市已建设成规模不等的大型养鳖场 14 个，其中规模最大的年生产商品鳖可达 10 万只，其余年产也均在 1 万只以上。温室养鳖技术的突破，有力推动了我国养鳖业的发展。

江苏、上海、四川、广东、湖南、湖北、安徽、辽宁、福建等地先后建起了养鳖场。1995 年，全国养鳖产量只有 1.74 万吨；到 2000 年，全国养鳖产量达到 9.27 万吨，短短 5 年时间鳖的产量增加了 4.3 倍；而到 2012 年，全国养鳖总产量已达 33 万余吨。随着养鳖业的发展，鳖苗繁育已满足不了生产的需求。20 世纪 90 年代中后期，国内养鳖者从境外大量购入鳖苗。境外鳖苗种的引进虽然满足了养鳖业快速发展的需要，但伴随而来的是中华鳖出现种质混杂、养殖病害增多、成活率下降等问题，给养鳖者造成重大的经济损失（何中央，2013）。加上在温室快速养鳖的过程中，违规使用抗生素、生长促进素、高剂量微量元素等原因，致使低品质鳖价越来越低，大部分养殖户只能保本、甚至亏本。2002 年以后，浙江省率先通过品种改良和模式技术创新来驱动养殖业的发展，中华鳖健康养殖技术体系逐渐形成和完善。目前，浙江省已经形成了全封闭工厂化养殖、池塘养殖、温室大棚养殖、鱼鳖混养、稻田养殖等多种养殖模式组成的中华鳖养殖模式与技术体系。中华鳖优良品种及先进适用的养殖模式与技术的推广应用，有效促进了我国养鳖业的迅速发展。

目前，我国（除台湾省外）已有 21 个省份开展了中华鳖的养殖，2013 年全国中华鳖产量已达 34 余万吨，主要养殖区域分布在浙江、广东、湖北、江苏、广西、江西、安徽，其中以浙江产量为最高，约占全国总量的 46.6%。浙江省中华鳖主产区分布在嘉兴市的海宁市、南湖区，杭州市的余杭区，湖州市的南浔区、德清县、吴兴区，上述 6 个区、县的产量总计约 11.69 万吨，占浙江省总量的 75.3%；湖北省中华鳖产量为 3.37 万吨，主产区为京山县，产量约 1.1 万吨；广东省中华鳖产量为 2.4 万吨，主产区为顺德市，产量达 1.2 万吨，约占广东省总量的 50%；江苏省中华鳖产量为 2.43 万吨，主产区包括宿迁市泗洪县、苏州等地；安徽省中华鳖产量为 2.42 万吨，主产区包括芜湖、蚌埠等地。中华鳖养殖已经成为这些地区广大渔农民的重要致富门路。

第二节　中华鳖产业研究现状及重点

一、产业研究现状

（一）中华鳖新品种选育

自 20 世纪 90 年代开始，随着养鳖业的快速发展及境外大量鳖苗放进入，产生了苗种的大流动和引种随意性的问题，加上种质资源保护意识不强，已使我国原有各地理种群的中华鳖种质资源面临种质混杂和养殖性状退化问题，表现为性成熟体重降低、怀卵量减少、卵变小、环境适应力下降、养殖病害增多等。为研究解决这些问题，中华鳖资源保护和选育工作开始逐渐引起重视，目前已取得了明显进展。

1. 种质资源的研究

我国中华鳖地理分布广泛，而且各地理群体间遗传多样性丰富，生产性能各异。目前国内学者已开展了中华鳖种质资源基础研究工作。如吴萍和楼允东（1999）比较分析了南京群体和绍兴群体两个地理群体的中华鳖的染色体组，发现二者在染色体的绝对长度和相对长度上存在差异，同时也存在着不太显著的臂比指数差异。蔡完其等（2001）对中华鳖太湖群体和台湾群体的非特异性免疫功能差异进行了研究，结果显示：太湖群体的补体总量、白细胞吞噬率、T 淋巴细胞活性 E 花环率和红细胞 C3b 受体花环率都比台湾群体高，并且台湾群体对嗜水气单胞菌易感性较强，表明太湖群体的免疫功能强于台湾群体。周工健等（2002）比较发现中华鳖、山瑞鳖和砂鳖三种鳖科动物稚鳖的腹面色斑存在明显差异，可作为鉴别鳖种的依据。蔡完其等（2002）对我国中华鳖代表性的 7 个地方群体进行了从稚鳖到成鳖阶段的生长对比试验，研究发现中华鳖 7 个群体间在生长速度和群体产量上都存在显著差异。李思发等（2004）比较分析了我国 7 个地理群体的中华鳖成鳖腹面黑斑图案，发现不同群体中华鳖腹部黑斑存在固有差异，并且其出现频率在不同群体间均有不同，认为可能是遗传作用和环境影响共同控制的结果。张海琪等（2011）通过将日本品系和清溪乌鳖两个国家级新品种与其他种群进行 RAPD 多态性分析，表明遗传相似度日本品系较高，清溪乌鳖较低，而日本品系多态性较低，清溪乌鳖较高。张超等（2014）通过比较分析中华鳖日本品系和清溪乌鳖的 16S rRNA 基因多态性，筛选获得了 8 个群体 SNP 位点，进化树结果显示中华鳖日本品系与黄河鳖较接近，推测中华鳖日本品系起源于中国黄河流域。

2. 新品种选育

目前我国主要进行了以下四个方面的选育。

（1）**以生长快速为主的群体选育** 目前浙江省中华鳖的养殖种类主要有中华鳖太湖群体、台湾群体、黄河群体、鄱阳湖群体、北方鳖、中华鳖日本品系、清溪乌鳖等，不同地理种群的中华鳖生长速度差异较大，遗传多样性较为丰富。经多方考察比较后，杭州萧山天福生物科技有限公司从1995年开始从日本引进优质中华鳖，随后与浙江省水产引种育种中心合作开展扩繁与选育等研究，确定了生长指标高于普通中华鳖20％的选育目标。通过建立五段群体选育方法，于2007年获得了第一个中华鳖国家水产新品种——中华鳖日本品系（品种登记号：GS 03—001—2007）。该品种生长速度快，采用两段法养殖（即7～8个月温室养殖加上4个月左右的外塘养殖），平均规格可达750克以上，比普通中华鳖增加25％以上。同时，中华鳖日本品系的外形优美，裙边宽厚，胶原蛋白含量高，对常见的腐皮病、穿孔病等具有较强的抗病能力，深受广大养殖户的喜爱（张海琪 等，2012）。

（2）**体色纯化选育** 中华鳖分布广泛，长期以来人工繁养殖导致不同区域的中华鳖在体色外观上存在一定的差异。清溪乌鳖就是基于体色纯化选育而成的。1993—1994年有关人员在采集野生鳖期间，采集到体色独特的乌鳖。为开发利用这一独特的种质资源，浙江省水产引种育种中心与浙江清溪鳖业有限公司合作开展乌鳖的选育研究，经过五代体色选纯，乌鳖腹部乌黑体色最终能稳定遗传，于2008年获得国家水产新品种（品种登记号：GS 01—003—2008）。该品种体色独特，腹部乌黑，是中华鳖遗传育种研究的良好材料。同时该品种营养丰富，含有黑色素，氨基酸和高不饱和脂肪酸含量高于其他中华鳖（张海琪 等，2008），因而售价高，市场供不应求。

（3）**杂交育种** 王忠华等（2009）、贾亚东（2007）对黄河鳖、日本鳖子代及其杂交F1代生长性状与蛋白质含量、氨基酸含量和脂肪含量等营养指标进行的检测与比较结果表明，尽管杂种F1代个体在多数生长性状上介于双亲之间，但在体重、体高、裙边宽等重要经济性状上都明显优于双亲。营养品质测定结果发现，杂种F1代个体的鲜味氨基酸、脂肪酸含量都比亲代高。施军和李庆乐（2005）对黄沙鳖与其他的中华鳖进行杂交试验，试验获得的杂交组合个体大，色泽好，产量高，繁殖力和抗病力强，使养殖效益大大超过亲本中华鳖。2002年开始，浙江省水产引种育种中心和浙江清溪鳖业有限公司联合开展清溪乌鳖和中华鳖日本品系的杂交育种研究，以期获得具双亲优势的杂种子代，或经过杂交选育，出具有双亲优良生产性能且体色纯黑的乌鳖新品种。目前，选取中华鳖日本品系为母本，清溪乌鳖为父本进行杂交的杂交子代生长速度比中华鳖日本品系快15.89％，比清溪乌鳖快30.85％，生长优势明显。同时，利用杂交、回交方法已选育出新的乌鳖新品系，目前已获得新品系F3代1 000余只，其生长速度比清溪乌鳖原种提高10％以上。

（4）性别控制制种 不同性别的中华鳖生长速度差异很大，养殖生产表明雄性中华鳖的生长速度明显高于雌性中华鳖，且雄鳖幼鳖价格高于雌鳖。因此高雄性比例制种技术存在产业需求。中华鳖新品种选育协作攻关组2012年开始联合攻关研究，目前雄性子代比例达95％以上。

3. 种质检测技术研究

针对中华鳖品种混杂、优良性状退化等现象，研究人员采用PCR技术、DNA测序技术和生物芯片鉴别技术等现代分子技术，结合传统的形态测量、染色体和同工酶等方法，建立了区别不同地理群体的中华鳖种质鉴别方法，建立相关种质标准，并掌握了中华鳖种质遗传结构特性，为中华鳖育种材料的选择提供了科学依据。如张海琪等（2011）以中华鳖日本品系、清溪乌鳖、黄河品系等为主要试验对象，研究获得了6种中华鳖品系各自特异的DNA片段，构建了中华鳖基因文库，利用多态性芯片技术（diversity arrays technology，DArT）技术建立分子多态性芯片，通过对20个中华鳖个体（包括清溪乌鳖4个、中华鳖日本品系6个、黄河品系

4个、台湾品系2个、杂交鳖4个）进行检测，结果准确率达到100%；何中央等2013年通过PCR-RFLP法，建立了中华鳖太湖种群、台湾种群、黄河种群和中华鳖日本品系等的种质鉴别技术方法的发明专利，该方法只需将酶切产物进行琼脂糖凝胶电泳检测，并与标准种质图谱进行对比，无需测序，大大节省了检测时间和检测成本。张超等（2014）通过对4个中华鳖养殖品系（太湖品系、台湾品系、日本品系、黄河品系）的线粒体部分序列进行测序对比，筛选出不同品系中华鳖的品系特异性SNP位点，并设计特异性引物，成功进行中华鳖SNP分型与鉴定，该方法能够快速、简便地鉴别以上4个中华鳖品系。这些基础研究均为中华鳖的种质鉴别与分子选育提供了有效的技术支撑。

4. 良种繁育体系的构建

种业是产业发展的基础。中华鳖种业建设目前还处于初级阶段。近几年来，我国各省通过农业部水产良种工程、省水产种子种苗工程等专项资金，扶持建立了一个比较完整的中华鳖良种繁育体系。以浙江省为例，一是建设中华鳖国家遗传育种中心。中华鳖遗传育种中心的主要任务是收集、鉴定与保存现有中华鳖种质资源，并进行新品种选育。二是建立一批国家级和省级中华鳖良种场。目前浙江省已建设国家级中华鳖新品种良种场3家，省级良种场13家。如2009年建成的全国首个中华鳖日本品系国家级良种场，占地面积100余公顷，多功能温室1.4万米^2，年培育中华鳖日本品系亲鳖10万只，繁育稚鳖500万只以上。三是建成一批规模化繁育基地。中华鳖新品种的市场需求量大，优质优价的高效益回报，促进了一批育苗企业扩大育种规模，进一步提升了中华鳖新品种的生产能力，至今浙江省已建设了年繁育能力在100万只以上的中华鳖优质种苗规模化繁育基地18家，辐射带动繁育场150余家。如绍兴中亚工贸园有限公司在原有国家级中华鳖原种场的基础上，又扩建了占地133.33公顷的中华鳖种业园区，设计年扩繁中华鳖优质种苗1 000万只以上。

（二）饲料的研发

1. 饲料研发进程

对中华鳖饲料营养需求的研究最早始于 20 世纪 80 年代。在 90 年代之前，国内暂未有生产中华鳖专用饲料的企业，养殖户投喂多以鲜活饵料为主。进入 90 年代后，随着中华鳖人工养殖发展速度的加快，中华鳖主产区省份开始将目光转向研发简易配方饲料或使用鳗鲡饲料替代鲜活饵料；1995 年前后，中华鳖专用饲料在鳗鲡饲料的基础上逐步调整，多用粉料进行投喂；中华鳖养殖从业者和相关研究人员开始了中华鳖配合饲料营养需求的研究，到 2000 年前后，中华鳖人工配合饲料逐渐优化并基本定型，多用软颗粒饲料进行投喂，全价配合饲料在生产上已普遍应用。2008 年以来，从业人员开展了中华鳖高效环保配合饲料研究，加强鱼粉替代蛋白质源和低蛋白质饲料的应用，使得中华鳖饲料配方更加科学合理。中华鳖膨化颗粒料生产工艺的研发及膨化料的应用，标志着中华鳖配合饲料进一步走向成熟和环保。

2. 饲料营养需求研究

结合目前国内中华鳖配合饲料市场上的商品料分析结果：稚鳖配合饲料粗蛋白质含量通常在 $43.7\%\sim51.1\%$，幼鳖配合饲料粗蛋白质含量通常在 $42.2\%\sim47.4\%$，成鳖配合饲料粗蛋白质含量通常在 $42.2\%\sim45.9\%$。然而，近年来的研究表明，通过中华鳖对低蛋白质的适应性来降低其饲料蛋白质水平是可行的：比如在稚、幼鳖阶段开始投喂低蛋白质饲料，通过驯化，使中华鳖对低蛋白质饲料产生适应性，可提高成鳖期对饲料的利用效率。研究表明，经过长期驯化，稚、幼鳖饲料蛋白质水平降低至 33% 不会显著影响其生长性能。在浙江省的养殖实践中也发现，在外塘养殖过程中投喂 40% 左右蛋白质水平的配合饲料，中华鳖的产量不受影响，养殖成本显著下降。综合考虑养殖效益，中华鳖人工配合饲料蛋白质水平可以推荐为：稚鳖粉状配合饲料 $\geqslant42\%$，幼鳖粉状配合饲料 $\geqslant40\%$，成鳖粉状配合饲料 $\geqslant38\%$，亲鳖粉状配合饲料 $\geqslant41\%$；幼鳖膨化颗粒配合饲料≥41%，成鳖膨化颗粒配合饲料≥39%。

白鱼粉作为中华鳖饲料主要的蛋白质源，添加量通常高于40%，部分地区稚鳖饲料中鱼粉的用量甚至高达60%。近年来，研究者们还一直探索开发以动物蛋白质源和植物蛋白质源替代中华鳖饲料中的鱼粉蛋白质。目前，中华鳖配合饲料的植物源性替代蛋白质源有谷朊粉、豆粕、大豆浓缩蛋白、发酵豆粕、啤酒酵母、酶解植物蛋白质、膨化玉米等；常用的动物源性替代蛋白质源主要有乌贼膏、鸡肉粉、血球蛋白质粉、肉粉、蝇蛆蛋白粉等（周凡 等，2014）。已有的研究和生产实践表明，这些较为优质、廉价且资源丰富的动物和植物蛋白质源，通过适当的加工处理，减少抗营养因子，合理添加相应的饲料添加剂（如酶制剂、诱食剂、氨基酸等），同时加强品质控制，可以有效替代中华鳖配合饲料中的部分鱼粉使用量。推荐养殖生产中应用的中华鳖饲料配方基本思路为：低鱼粉（鱼粉为30%～40%）、高替代蛋白质（20%以上）、低蛋白质（39%～43%）、高脂肪（4%～8%）、低 α-淀粉（18%～23%）、高纤维（2%～3%），能提高中华鳖的免疫功能（核心在于保肝健胃促消化）。

3. 膨化饲料的应用

膨化（全熟化）颗粒饲料不仅能提高饲料消化吸收率，有效杀灭饲料中的细菌和霉菌等，还具有稳定性好，不污染水质，储存、投喂方便等优点，是一种比较理想的水产饲料形态（图1-1），对加快转变渔业发展方式，实施水产生态健康养殖，提高水产品质量安全，促进渔业节能减排，具有特别重要的意义。贾艳菊和杨振才（2007）设计了营养相近，但动物、植物蛋白质含量比不同的（1.5：1；3：1；35：1；7：1）的4种膨化饲料，结果发现稚鳖生长受到膨化饲料中动物、植物蛋白质含量比的明显影响，适宜的动物、植物蛋白质含量比为3：1。膨化处理显著提高了中华鳖饲料的蛋白质效率和饲料转化效率，但是摄食量受到了抑制，从而限制了稚鳖的生长。浙江省水产技术推广总站萧山养殖基地采用粉状配合饲料和膨化配合饲料（粗蛋白质含量均为46%，鱼粉用量和粉状料保持一致）投喂外塘养殖的中华鳖（图1-2），综合比较了中华鳖的存活率、生长性能、饲料系数、养殖综合成本等，结果表明，使用膨化饲料比使用粉状饲料养殖中华鳖的效果好，说明使用膨化饲料养殖中华鳖是可行的。以上这些实例为中华鳖膨化饲料更进一步的研究、推广提供了可靠的依据。总之，膨化挤压技术工艺可以应用于中华鳖配合饲料，关键问题在于如何减少膨化过程对饲料原料的破坏，提高饲料适口性和利用效率，并根据膨化工艺的特点改进饲料配方，充分利用各种饲料原料，降低鳖用饲料成本，使膨化颗粒饲料真正走向市场，促进养鳖业的健康发展。

图 1-1　中华鳖膨化颗粒饲料

图 1-2　中华鳖膨化饲料的投喂

（三）病害研究

我国和日本既是主要的鳖养殖国家，也是对鳖病的研究报道最多的国家。20 世纪 70 年代初，日本开始实行集约化控温养殖，在快速缩短鳖养殖时间、提高产量的同时，鳖病频频暴发。疾病给刚刚大力发展起来的养殖业带来的巨大冲击引起一些学者和科技工作者的重视，纷纷投入对鳖病防治的研究，鳖病研究开始慢慢走上正轨。此后川崎义一等（1988）研究了鳖的多种疾病，分离了发病鳖体内的病原微生物，并根据病原的特性提出了相应的对策，从而建立起鳖病的防治系统框架。我国集约化养殖鳖较晚，因此鳖病的研究起步也相对较晚，20 世纪 80 年代初，仅有极少的中华鳖病症状被提到，几乎没有开展相关研究工作；一直到 1995 年前后，随着规模化养鳖业的发展，才开展了对中华鳖病害的相关研究。迄今为止，报道的中华鳖疾病有30多种，包括由细菌引起的疾病：腐皮病、红脖子病、红底板病、疖疮病等；由病毒引起的疾病：中华鳖鳃腺炎病、中华鳖出血病等；真菌引起的疾病：白斑病、水霉病等；由寄生虫引起的疾病：钟形虫病、锥虫病等；由非生物因素引起的中华鳖病：氨中毒症、脂肪代谢不良症等。从2001年开始，浙江省也将中华鳖病害作为水产病害测报工作重点监测对象；在杭州、嘉兴等8个市共设立了57个监测点；共监测到疗疖疮病、白斑病、穿孔病、白底板病等24种中华鳖疾病。

中华鳖细菌性疾病流行范围广，凡是人工养鳖的地方，基本上都会出现，且死亡率较高。细菌性病的发病时间基本与鳖生长所需的适宜温度同步。迄今引发中华鳖疾病的细菌主要为气单胞菌属细菌。嗜水气单胞菌、温和气单胞菌可以引发中华鳖赤斑病、白板病、穿孔病和出血败血症等多种疾病，是迄今为止对中华鳖养殖业危害最大的病原菌。此外，假单胞菌、无色杆菌等均可引发中华鳖腐皮病，普通变形杆菌对鳖也有较强的致病力，曾引发中华鳖胃肠溃疡、出血病。这些病原菌可能是条件致病菌，在中华鳖抵抗力弱时感染发病，且通常由多种细菌混合感染引发疾病。在中华鳖的养殖过程中，真菌主要是通过中华鳖体上的伤口侵入到体中，并释放出酶来分解吸收其营养而影响中华鳖生长发育。常见的真菌性疾病有白斑病和水霉病。中华鳖病毒病的研究国内外报道不多，这可能与病毒难于分离和培养有关。目前已报道的鳖源病毒有弹状病毒、类呼肠孤病毒、类腺病毒、类似核糖核酸病毒的中华鳖病毒、中华鳖球状病毒以及鳖虹彩病毒等。由于基础研究薄弱，对鳖病毒病的很多结论往往还仅是推测。但是在研究过程中发现一些症状确与某些病毒有关，也不排除是细菌侵染与病毒共同引起的。中华鳖的寄生虫疾病目前共有7类16种，研究较多的有吸虫、血簇虫、锥虫、钟虫及水蛭等，寄生虫的寄生部位为皮肤、血液及肝、肾、肺、肠、胆囊、输卵管等内脏器官。

总体而言，鳖病的研究起步较晚，基础研究薄弱，目前的鳖病知识和防治技术已经不能满足鳖养殖业的需求，严重阻碍了鳖病防治的开展。对鳖相关疾病发病机理、病原生物学、预防和治疗等方面进行研究，并最终建立系统、完善的鳖病防治体系，是研究者亟待解决的问题。

（四）养殖模式与技术集成创新

近几年来，中华鳖养殖业经历着转型与提升阶段，其主要特征有以下几点。

1. 集成创新了一批先进实用的养殖模式与技术

（1）新型温室养殖模式与技术　　新型温室指养殖温室透光，有废气、尾水处理设施（图1-3）。温室养殖模式在养鳖业中不可替代，除了池塘生态分级养殖模式外，其他养殖模式的鳖种均要经过此段养殖。通过采用清洁能源和废气处理，既能控制养殖污染，又能大幅提高单位面积的生产能力，而且鳖的质量安全同样可控，是一种高效生态的养殖方式（图1-4）。

图1-3　新型采光温室

图 1-4 "太阳能＋秸秆炉" 温室

（2）**池塘多品种混养模式与技术** 虾、鳖，鱼、鳖，鱼、虾、鳖等多品种混养，实现不同的养殖品种在同一水体中的有机搭养，是当前生态养殖与循环利用的好模式。如虾、鱼、鳖混养，鳖摄食病虾，鳖排泄物作为有机肥培育天然浮游生物，鲢、鳙滤食浮游生物，达到了循环利用目的。

（3）**种养结合模式与技术** 包括在鳖池中种稻、在稻田中养鳖等（图 1-5）。在鳖池中种稻，鳖的排泄物是水稻的优质有机肥，通过水稻的吸收，可以改善鳖池环境，可显著降低鳖病的发生。在稻田中养鳖，可以通过鳖的活动，减少水稻病虫害的发生，降低农药、化肥的使用，同时也为生态养鳖，养高质量的鳖提供了养殖空间。每 667 米^2 水稻田可以放养稚鳖 1 000 只或鳖种 500 只左右，还可以发展成 "温室养鳖种＋稻田养商品鳖" 的新两段法养殖模式。

2. 开展了中华鳖养殖尾水处理技术研究

近年来，一些专家加强了温室中华鳖养殖废水处理的重视，并开展养殖尾水处理技术研究（图 1-6）。如刘鹰等利用蔬菜

图 1-5　稻鳖共生模式

图 1-6　中华鳖尾水处理生态池

土培系统对中华鳖温室废水进行处理，对废水中氨氮和磷的去除率分别达到 95.3% 和 96.8%，同时废水中的有效态钾、钙的含量，还可促进植物生长。张士良等利用水培番茄对中华鳖养殖废水进行净化与滤清，试验发现水培系统对废水中化学需氧量（COD）、硝态氮（$NO_3^- - N$）及亚硝态氮（$NO_2^- - N$）、铵态氮（$NH_4^+ - N$）、磷的去除率可达到 77％、33％、97％ 和 100％。袁桂良在凤眼莲对中华鳖养殖废水中的净化试验中发现，凤眼莲能同时去除中华鳖废水中的铵态氮、亚硝态氮和硝态氮、化学需氧量（用重铬酸钾测定）、磷等，其净化率分别为 71.5％、88.1％、68.5％ 和 90.7％。郭立新等采用循环水配制高羊茅以净化中华鳖养殖废水，结果表明，该系统对富营养化水体中的铵态氮、总氮、总磷、化学需氧量（用重铬酸钾测定）具有明显的去除效果，30 天后净化率分别达到 99.7％、96.6％、94.7％、88.7％。采用生态化技术对中华鳖养殖废水进行处理具有动力消耗少、处理成本低等优点，但是其效果依赖于植物的生长状况，且需较长周期，对季节和周围环境具有较强的依赖性，因而还需进一步加强系统研究以实现在生产中的推广应用。

3. 加强了产品的质量安全监控

自 2001 年以来，我国对中华鳖质量安全进行监督抽检，并于 2010 年开展了龟鳖质量风险隐患分析评估。浙江省从 2003 年开始每年对中华鳖质量安全进行重点监控，主要检测指标包括氯霉素、乙烯雌酚、环丙沙星、恩诺沙星、孔雀石绿、硝基呋喃类 4 种代谢物等药残指标；从 2006 年开始，又开展了对中华鳖苗种质量安全的监测工作；渔业行政主管部门通过加强打击违规及非法用药力度，切实有效地保障了中华鳖的质量安全。在中华鳖质量安全技术研究方面，浙江省水产质检中心建立起中华鳖质量安全监控技术：建立起 20 种磺胺类药物、孔雀石绿及其代谢物等 4 个标准；开展罗红霉素、氟本尼考、恩诺沙星等关键药物、三聚氰胺、碱性染料等在中华鳖体内的药物代谢动力学研究，确定了药物在中华鳖体内的吸收、分布、代谢、排泄等特性；2014 年利用国际一流的液相色谱串联飞行时间质谱（Q—TOF）检测技术，研发建立了中华鳖中 42 种兽药残留筛查检测技术，开展了中华鳖产品质量安全的"体检"监测，技术水平在国内同行业处于领先，为产业健康发展和食品安全监管提供了坚实的技术支撑。

二、产业急需解决的重点问题

尽管我国已在中华鳖新品种选育、养殖模式、疾病防控、投入品开发等方面取得了一批创新成果，但科技总体投入不足，基础性研究、成果转化应用滞后，原始性创新成果和产业发展关键技术成果明显不足等问题对中华鳖产业升级的制约已成为关键点。

（一）中华鳖优良品种选育

种是产业的基础，种的好坏不仅关系到中华鳖的生长速度和抗病能力，也影响鳖的品质和产品的市场销售价格。中华鳖在我国分布范围广，不同地理种群存在明显的种质差异，为中华鳖良种选育提供了丰富的材料。虽然我国已育成了 2 个中华鳖国家水产新品种，但目前养殖户大多进行自繁自养，种质混杂及退化现象明显，表现为生长变慢、病害增多，需要继续开展中华鳖新品种选育与保种研究。同时，中华鳖繁育的子代雌雄比例接近 1∶1，由于中华鳖雌雄生长速度差异显著，养殖户对雄性鳖苗需求量大，高雄比例育种技术亟待突破。

（二）养殖模式尤其是养殖用水处理技术

中华鳖的养殖模式多样，有温室养殖、外塘生态养殖、两段法养殖、稻鳖共生、虾鳖混养等。其中温室养殖是我国中华鳖主要养殖模式之一，据不完全统计，温室鳖产量约占浙江省中华鳖总产量的 70%。在集约化高密度养殖生产条件下，养鳖废水含有大量氮、磷及有机物，化学需氧量高达 1 000 毫克/升，氨氮高达 100～200 毫克/升，成为养殖区域重要的环境污染源。因此，如何削减和控制中华鳖养殖废水产生的环境污染，已成为从国家到地方都亟需解决的重大课题。此外，稻鳖共作、虾鳖混养等新型健康生态养殖模式研究起步较晚，在茬口衔接、养殖技术等方面技术规范仍需进一步研究。

（三）加工与综合利用技术的研究与应用

中华鳖加工企业及相关技术尚处于起步阶段。虽有少数企业开展了中华鳖产品的加工和研发，但已有的加工产品大多是粗加工的鳖粉、鳖油，产品的附加值不高，综合利用程度不高，规模和销售市场不大。虽已建立了中华鳖软罐头速食食品加工技术，并在中华鳖油不饱和脂肪酸的提取纯化技术、全原味速溶中华鳖微粉加工技术和中华鳖小分子多肽的制造方法等方面取得突破，为营养保健品与美容护肤品的开发提供了技术储备，但离产业化生产还有一段距离。特别是在当前中华鳖供大于求、市场价格大幅下降的背景下，急需加强中华鳖产品的精深加工技术研究。

（四）高效环保饲料与营养需求研究

中华鳖对饲料蛋白质和鱼粉需求较大。受国际上鱼粉资源紧张的制约，传统的高鱼粉、高蛋白质、高成本的中华鳖饲料生产受到明显的冲击，而节能型膨化饲料研究应用刚刚起步，动物和植物蛋白质源替代鱼粉的开发利用技术研究还不够深入。此外，中华鳖日本品系和清溪乌鳖新品种的育成，与普通中华鳖相比，其对饲料营养需求的差异明显，需要加强中华鳖新品种的营养生理需求研究，研发出高效环保配合饲料，降低养殖成本和对环境压力，提高养殖综合效益。

（五）养殖病害和产品质量安全风险监控

据浙江省中华鳖病害监测统计，2013年全年共监测到10种病害，其中危害最大的包括腮腺炎、白底板病、软骨病等，造成重大的经济损失。不少中华鳖暴发性死亡的病因不明，如对越冬后池塘养殖中华鳖容易发生大规模死亡现象，缺乏有效预防和治疗措施。部分病原菌由于耐药作用增强了致病性，而且不同养殖场同一菌种的不同菌株存在明显的耐药性差异，标准的给药剂量无法发挥作用。养殖病害增多又会导致用药不规范、不科学，给中华鳖产品质量安全埋下隐患。因此，需要加强中华鳖流行性病的调查与基础研究，查明致病菌及致病机理，提高对疾病的预警能力，加快研制高效、低毒、针对性强的渔药产品，并建立质量安全可追溯技术体系和风险排查工作，确保产品质量安全。

第三节　中华鳖的营养价值和市场前景

一、经济价值

1. 食用价值

自古以来鳖就被我国人们视为滋补的营养保健品。在亚洲的日本和韩国等，食鳖也相当普遍，并有专门的鳖餐馆。鳖的营养价值受到世人公认，是水产品之珍品，高档酒宴之佳肴，深受人们欢迎和喜爱。鳖不但味道鲜美、高蛋白质、低脂肪，而且是含有多种维生素和微量元素的滋补珍品。因中华鳖的种类和生活地区的不同，其营养成分不完全一致。据分析，每 100 克鲜鳖肉含：水分 73～78克，蛋白质 15.3～17.3 克，脂肪 0.1～3.5 克，碳水化合物 1.6～1.49 克，灰分 0.9～1 克，镁 3.9 毫克，钙 1～107 毫克，铁 1.4～4.3 毫克，磷 0.54～430 毫克，维生素 A 13～20 国际单位，维生素 B_1 0.02 毫克，维生素 B_2 0.037～0.047 毫克，尼克酸 3.7～7 毫克，硫胺素 0.62 毫克，核黄素 0.37 毫克，热量 288～744 千焦。鳖肉中富含 9 种人体必需的氨基酸，必需氨基酸之间的比例与人体相似，有利于人体的充分吸收利用，特别是人体主要限制性氨基酸——赖氨酸含量居众食品之首，鲜味氨基酸中的谷氨酸含量达 13.95%，确保了中华鳖的鲜美味道；中华鳖的脂肪以不饱和脂肪酸为主，占75.43%，其中高度不饱和脂肪酸占 32.4%，是牛肉的 6.54 倍，罗非鱼的 2.54 倍，特别是二十碳五烯酸（EPA）和二十二碳六烯酸（DHA）的含量极高，分别为 6.97% 和 8.3%。铁等微量元素是其他食品的几倍甚至几十倍。

2. 药用价值

中华鳖浑身都是宝，鳖的头、甲、骨、肉、卵、胆、脂肪均可入药。《名医别录》中称鳖肉有补中益气之功效。据《本草纲目》

记载，鳖肉有滋阴补肾，清热消淤，健脾健胃等多种功效，可治虚劳盗汗，阴虚阳亢，久病泄泻，小儿惊痫，妇女闭经、难产等症。《日用本草》认为，鳖血外敷能治面神经，可除中风口渴，虚劳潮热，并可治疗骨结核。鳖血含有动物胶、角蛋白、碘和维生素 D 等成分，可滋补潜阳、补血、消肿、平肝火，能治疗肝硬化和肝脾肿大，治疗闭经、经漏和小儿尺癫等症。鳖胆可治痔漏，鳖卵可治久痢。鳖头焙干研末，黄酒冲服，可治脱肛。鳖的脂肪可滋阴养阳，治疗白发。现代科学认为，中华鳖富含维生素 A、维生素 E、胶原蛋白和多种氨基酸、不饱和脂肪酸、微量元素，能提高人体免疫功能，促进新陈代谢，增强人体的抗病能力，有养颜美容和延缓衰老的作用，也是预防贫血、抗抑肿瘤的理想食品之一。

二、市场前景

中华鳖由于其独特的营养价值和保健价值，一直受长江三角洲地区消费者的青睐，且逐渐拓展至全国。中华鳖的养殖技术日趋完善，加上质量安全越来越可靠，市场销售稳定。据杭州市农业局统计，在调查的 29 家中华鳖养殖和经营大户中有 12 家开设有中华鳖专卖店，其中开设 1~9 个专卖店的有 7 家、开设 10~29 个专卖店的有 3 家、开设 30 个以上专卖店的有 2 家。中华鳖的主要市场为杭州、南京、上海、四川等地，以杭州市农都批发市场为例，日销售量在几十吨以上；四川省中华鳖日消费量达 90 吨。

随着人们生活水平的不断提高，人们的保健意识日益增强，具有提高人体免疫功能的鳖系列优质加工产品会越来越受到重视，因此中华鳖的深加工产品市场需求也在逐渐增大。此外，随着国外市场和北方市场的开拓，加上网络营销的推动，商品鳖仍能保持一定的销量。目前，养鳖的比较效益在大农业中是高的，因此只要加大生态养殖模式与技术的推广，控制成本，走规模化、生态化、品牌化之路，在今后的养鳖生产中仍能获得丰厚的利润回报率，因此中华鳖市场前景依旧看好。

第二章　中华鳖生物学特性

第一节　形态与分布

中华鳖在我国各地广泛分布。赵尔宓等（2000）在《中国两栖纲和爬行纲动物校正名录》中认为我国鳖属有 4 种：鳖、砂鳖、东北鳖和小鳖。蔡波等（2015）在《中国爬行纲动物分类厘定》一文中将 *Pelodiscus sinensis* 的中文名由"鳖"规范为"中华鳖"。

一、中华鳖的形态结构

中华鳖体躯扁平，呈椭圆形，背腹具甲。通体被柔软的革质皮肤，无角质盾片。体色基本一致，无鲜明的淡色斑点。头部粗大，前端略呈三角形。吻端延长呈管状，具长的肉质吻突，约与眼径相等。眼小，位于鼻孔的后方两侧。口无齿，脖颈细长，呈圆筒状，伸缩自如，视觉敏锐。颈基两侧及背甲前缘均无明显的瘰粒或大疣。背甲暗绿色或黄褐色，周边为肥厚的结缔组织，俗称"裙边"。腹甲灰白色或黄白色，平坦光滑，有 7 个胼胝体，分别在上腹板、内腹板、舌腹板与下腹板联体及剑板上。尾部较短。四肢扁平，后肢比前肢发达。前后肢各有 5 趾，趾间有蹼。内侧 3 趾有锋利的爪。四肢均可缩入甲壳内。以主养的中华鳖日本品系为例，其外部形态背面和腹面分别见彩图 1 和彩图 2。

形态差异是物种生物多样性最直观的体现，是种质鉴定的重要方法之一。通常的外部形态特征可分为可量性状和可数性状两类。中华鳖的可量性状主要包括体重、背甲长、背甲宽、腹甲长、腹甲宽、头长、头宽、眼间距、吻长、吻突长、后侧宽裙边、体高、腹甲凹宽、尾长等，而可数性状主要是腹部黑色斑块。目前我国主要养殖地理群体的外部形态特征对比见表 2-1。

表 2-1 主要养殖中华鳖地理群体的形态特征

养殖群体	主要形态特征
中华鳖太湖群体	体扁平，外形椭圆形，背甲呈橄榄绿色或深绿色，分布着表皮小突起，有花斑，体较高
中华鳖日本品系	体扁平，长椭圆形或圆形，背甲呈黄绿色或黄褐色，背部以背甲为中心有微白色条斑、中心以外为小米粒状微白色小斑，腹部呈乳白色或浅黄色，中间具三角形的块状花斑，裙边宽厚，与背甲长比例高于其他地理群体
黄河群体	体型较其他群体扁平，雄性椭圆形，雌性圆形，背甲黄绿色或黄褐色，腹部呈淡黄色、无黑斑，裙边肥厚，与中华鳖日本品系接近
鄱阳湖群体	体扁平，呈椭圆形，背部呈橄榄绿色或暗绿色，分布有黑色斑点，腹部呈乳白色或微红色，成鳖没有斑点，裙边宽厚
台湾群体	体扁平，呈椭圆形，背甲暗褐色或黑褐色，分布有黑色斑点，中后部有散生的小疣粒，腹甲呈乳白色，但有黑斑，裙边宽度较其他群体窄
广西黄沙鳖	外观体型钝圆扁平，背部呈浅土黄色，裙边宽厚较硬，鳖体后部的裙边边缘呈金黄色，尾裙上分布有众多疣粒，手摸有沙粒感，背甲前端边缘表皮分布的疣粒较稀少，腹部呈红黄色，成鳖只留有 2 对灰黑色斑块
清溪乌鳖	外形与太湖群体接近，但最大的特征在于腹部全为黑色或灰色

根据《中华鳖》（GB 21044—2007），对中华黄河群体、中华鳖鄱阳湖群体开展了种质研究，对其形态指标比值进行测量统计，获得中华鳖不同群体的外部特征数据（表 2-2）。

表 2-2 中华鳖不同群体的外部特征主要可量性状比例

性状比例	中华鳖黄河群体	中华鳖鄱阳湖群体
背甲宽/背甲长	0.846±0.033	0.910±0.030
体高/背甲长	0.348±0.022	0.331±0.020
吻长/背甲长	0.053±0.004	0.090±0.011
吻突长/背甲长	0.039±0.004	0.050±0.010
吻突宽/背甲长	0.038±0.002	0.041±0.010
眼间距/背甲长	0.033±0.006	0.180±0.020
后侧裙边宽/背甲长	0.094±0.015	0.162±0.010

二、中华鳖的地理分布

中华鳖生活在温带、亚热带、热带，主产于亚洲、非洲及北美洲。国外分布于俄罗斯、日本、朝鲜、越南。因我国大部分地区属东亚季风气候，大兴安岭、阴山、贺兰山、巴颜喀拉山、冈底斯山一线以东、以南的广大地区每年4—9月受到从海洋吹来的暖湿气流影响，有普遍高温现象，适合鳖的生长，尤其是长江中、下游地区以及我国南方省份，每年适合鳖自然生长的时期较长。因此，中华鳖在我国分布比较广，天然资源历来十分丰富，除宁夏、新疆、青海、西藏等省份尚未发现野生鳖外，其余各省份均有分布，尤其以长江中、下游地区的江苏、安徽、浙江、江西、湖南、湖北以及河南、广东、广西等地为多。因此在学术界，周天元（1994）在中华鳖全息杂交试验报告中完全按产地不同，将中华鳖分为苏系、皖系、浙系、鲁系、赣系、闽系、豫系、鄂系、湘系、粤系、桂系、川系等。蔡完其（2002）按照水系不同或产地不同，把黄河以南地区的中华鳖分为黄河鳖、淮河鳖、鄱阳湖鳖、洞庭湖鳖、台湾鳖、崇明鳖、太湖鳖等。目前各地对中华鳖的叫法比较混乱，建议以地理群体或品系划分较为妥当。

第二节 中华鳖的习性

一、食性

中华鳖属偏肉食性的杂食性动物，食性广。稚幼鳖阶段，主要摄食大型浮游动物、虾苗、鱼苗、水生昆虫，也摄食鲜嫩的水草类、蔬菜心；成鳖喜食螺、蚌、鱼、虾、蚯蚓等动物及水草、蔬菜、瓜果等植物。人工高密度养殖条件下其食谱更广，人工配合饲料、畜禽下脚料、饼粕类、瓜、果、菜等都可单一或配合投喂。

中华鳖十分贪食而凶残，在食物缺乏时，常常会相互咬斗、残杀，但中华鳖又具有极强的耐饥饿能力，在长时间缺少食物的情况下，仍能保持正常的活动，但生长停止，体质变弱。因此，在开展人工养鳖时注意饵料要充足。

二、生活习性

1. 栖息环境

中华鳖为两栖爬行动物，主要栖息在环境安静、水质活爽、水体稳定、通气良好、光照充足和饵料丰富的环境中。对水体中的盐度比较敏感，一般养殖水体要求盐度不超过 10，对溶解氧、碱度、pH 范围等要求较宽。自然条件下，鳖通常生活在江河、湖泊、池塘、水库等淡水水域中，常伏在岩石旁伺机袭击溯游于洞穴中的食饵；亦善潜伏在岸边树阴或水草底下有泥沙的浅水地带。夏季常在阴凉、水深处活动。冬季特别是大雪天，喜欢潜伏在向阳的洞穴内。

2. 冬眠

中华鳖是变温动物，其体温和代谢机能随着环境温度的变化而变化。当水温降到 20 ℃以下时，代谢活动降低；水温低于 15 ℃时停止摄食，低于 12 ℃时开始潜伏于泥沙中，低于 10 ℃则完全停止活动和觅食，进入冬眠状态。

中华鳖冬眠时钻入泥土的深度随底质淤泥而异，通常为 10～

20 厘米，最深不超过 30 厘米，冬眠期 5～6 个月。在越冬后，由于基础代谢消耗体内积累的一部分能量，中华鳖的体重下降 10% 左右，一些体质弱或有病的中华鳖会在冬眠期间或刚苏醒时死亡。

3. 肺呼吸

中华鳖与鱼类等其他水生生物不同，虽然主要生活在水中，但中华鳖用肺呼吸，呼吸频率为 3～5 分钟一次。中华鳖的呼吸频率随水温及个体大小不同而异，水温越高，个体越小，呼吸频率越高。

4. 晒背

中华鳖性喜温，在晴天，中华鳖便游到水面或爬上岸滩、石岩，背对阳光，头、颈、四肢充分伸展晒太阳，称为晒背。

5. 胆怯又好斗

中华鳖生性胆怯而又机灵，稍有响声或晃动影子便迅速潜入水中。中华鳖喜静怕惊，为了寻找和捕捉食物，同时也是出于自身安全的需要，在自然界中鳖的觅食和活动大多在晚间进行。中华鳖又生性好斗，同类之间常常会因争夺食物、栖息场所而相互残害，用嘴紧咬对方不放，只有将其放入水中自行松口逃脱，成鳖甚至还会吞食幼鳖。因此在人工养殖中要尽量保持同池鳖的稳定性，并考虑规格大小及放养密度高低，以免争斗造成伤残死亡。

6. 保护色

中华鳖体色随着环境而变化，如在水较肥、呈黄绿色的池塘、湖泊、河流里，其背甲呈黄褐色；在水质不太肥的河流、水库里，则呈油绿色、墨绿色。鳖腹面一般呈乳白色。

7. 挖穴营巢

每年 5—8 月的产卵季节，在临近午夜时，雌鳖出水上岸，选择疏松的沙土挖穴产卵。

总之，中华鳖的生活习性可归纳为"四喜四怕"：喜静怕惊、喜洁怕脏、喜阳怕风、喜暖怕寒，这是它们长期对环境适应的结果。

三、生长

中华鳖是变温动物，体温随着自然温度的升降而变化。而体温的高低则直接影响它的活动能力和摄食强度。春季水温回升，在15 ℃左右时，中华鳖冬眠复苏，在17 ℃左右时，开始觅食，此后随着水温的逐步提高，摄食和活动逐步转入正常。至仲秋以后，当水温降至20 ℃时，其摄食能力逐步下降，行动也不活跃。在15 ℃下时，它即停止吃食，准备入土冬眠。其最适合生长温度为30 ℃。

不同性别的鳖生长速度也有显著差异，在体重为100～200克时，雌鳖比雄鳖生长速度快；体重在200克以后，雌、雄鳖生长速度基本持平；体重超过400克时，雄鳖生长明显快于雌鳖。

四、繁殖

1. 性成熟年龄

中华鳖为雌雄异体、体内受精、体外孵化、营卵生生殖的动物。在自然条件下，中华鳖的初次性成熟年龄因地理位置不同而异。在我国南方省份如海南等地区2龄成熟，长江流域4～5龄成熟，华北地区多为5～6龄成熟。人工养殖下一般会提早性成熟。3龄以上的中华鳖逐渐性成熟。

2. 繁殖季节

当水温上升到20 ℃以上时，中华鳖开始发情交配。交配一般在傍晚进行，精卵在输卵管中结合。经过2～3周后再行交配。通常每年可交配2～3次。交配后，精子在输卵管中能存活半年，即一次交配多次产卵，这种特性对于中华鳖的繁殖是有利的，可以增大雌鳖的饲养量而减少雄鳖的放养量。雌雄亲鳖搭配比例为（6～9）∶1。

中华鳖的繁殖季节也因各地的气候环境不同而有先后，华北地区一般在5—8月繁殖，产卵高峰在6—7月，占总产卵量的80%；华中、华东地区产卵季节为4—10月，产卵高峰在5—8月。在江浙一带，产卵旺季在6—7月。在热带地区或人工控温的条件下，鳖可常年产卵。

3. 繁殖力

中华鳖产卵次数、产卵量、卵子质量与自身状况和所处环境等因素密切相关。一般来说，亲鳖年龄越大，规格越大，身体健壮，外界环境适宜，繁殖力强；反之繁殖力弱。中华鳖的产卵方式为多次产卵，每年产卵次数为 3～5 次，每次产卵的个数从几个到几十个不等，一般为 8～15 枚（彩图 3）。在人工集约化生产上常采用亲鳖强化培育、延长日照时间、控温等方法来提高亲鳖的繁殖力。

4. 产卵习性

中华鳖产卵一般在天亮前进行，因为这段时间最安静，也最安全。它们一般都会选择能保温、保湿、适于孵化的沙地处产卵，如果没有沙地，也会产卵至潮湿的泥滩地。选择好产卵的位置后，中华鳖会用后肢交替挖掘一个直径 5～8 厘米、深 10～15 厘米的洞穴，穴掘成后即将泄殖孔伸入其中产卵。卵在穴内分 2～3 层排列，使卵与卵之间多少保留一些间隙。产完卵后，雌鳖用沙将洞口盖好，再用腹部把沙压平。中华鳖一年多次产卵，但产卵的次数、每次产卵个数及卵径的大小均与光照的时间、亲鳖的个体大小、年龄和饵料的丰歉等因素密切相关。若刮风下雨，阴雨绵绵，或久晴不雨、气温骤变，则产卵少或停止产卵。

5. 鳖卵孵化

中华鳖卵为多黄卵，无气室、无浓缩的蛋白质带，蛋黄与蛋白质截然分开。受精卵留在输卵管中时间较长，约 1 个月才排出体外。此时的卵已处于半胚期或原肠期；鳖产出的卵，卵径和重量大小悬殊：卵径为 1.5～3 厘米，卵重为 3～9 克，但多数卵的卵径为 1.5～2.5 厘米，卵重为 3～6 克。刚产出的卵呈圆形，表面洁白而富有光泽。在自然条件下，受精卵经 8～24 小时发育，在卵壳上方出现一白点，并逐渐扩大，其边缘清楚圆滑，出现明显的动物极和植物极；产后 3～5 天动物极和植物极界线分明，各占一半，随后在两极分界线附近变成浅黄色；产后 15 天左右，卵壳植物极一端由浅黄色逐渐变成浅紫红色；产后 30 天左右，浅紫红色缩小变成黑红色；产后 50 天左右，卵壳由红色完全转变成黑色，后卵壳黑色逐渐消失，稚鳖将出壳。受精卵从产出到稚鳖孵化出壳，一般需45～50天。受精卵孵化最适宜的温度为33～34℃，空气湿度为82%～85%，孵化介质的湿度为7%～8%，一般控制在33℃温度条件下，50天左右稚鳖就可出壳（彩图4）。由于鳖卵只有少量稀薄的蛋白质，卵中无蛋白质系带，因而在孵化过程中不能翻动，否则胚体会受伤，造成中途死亡。稚鳖破壳而出，1～3天脐带脱落入水生活。

第三节　中华鳖新品种特性介绍

一、中华鳖日本品系

自2007年中华鳖日本品系育成后，浙江省将中华鳖良种繁育生产放在工作首位，通过政策扶持、项目带动、技术培训、媒体宣传等多种方式加大对中华鳖日本品系苗种产业的引导和扶持，至今已建立了2家中华鳖日本品系国家级良种场，6家省级良种场以及10余家良种扩繁基地，每个场的年供种能力都在100万只以上。此外，加上引种再扩繁，2013年浙江省中华鳖日本品系的种鳖数量达到250万只以上，良种稚鳖的生产量达到1亿只以上。我国安徽、河北、广东、广西、江苏、四川、湖南、江西等地及朝鲜、越南等国家已前来引种，使得浙江成为我国重要的中华鳖日本品系苗种供应基地。此外，浙江省还开展了中华鳖日本品系温室无公害养殖模式、外塘生态养殖模式、二段法健康养殖模式、虾鳖混养模式及与农作物轮作等养殖模式的集成创新与示范，摸清了中华鳖日本品系新品种的特性、适宜的生态环境和高产养殖的配套技术，并建立了相应的技术操作规程，从而充分发挥了良种的生产优势。如温室无公害养殖模式经12个月饲养，中华鳖日本品系的平均规格达0.86千克/只，平均每667米^{2}产量为9 366千克。外塘仿生态养殖模式养成商品鳖的体色、肉质及食用价值可与野生鳖媲美，达到了生态养鳖、健康养鳖的目的，每667米^{2}每年利润达到2.5万元以上。二段法养殖模式指稚幼鳖阶段在温室中培育、成鳖阶段在室外池中养殖，整个养殖周期为 14～18 个月，商品鳖平均规格可达到 1 千克/只，单位面积产量超过 2.24 千克/米^2。中华鳖日本品系养殖与农作物轮作模式实现了生态、物质循环利用与经济效益相统一。虾鳖混养模式可利用中华鳖食用病死虾而降低虾苗发病率，中华鳖日本品系的生长速度也比普通养殖快 20％以上。每 667 米^2 虾塘混养中华鳖日本品系 100～200 只，每 667 米^2 增加鳖产量 75～150 千克，每 667 米^2 增加利润 5 000 元以上，目前已成为重要的养殖模式。

（一）外部形态特征

1. 体色和外形

经目测和拍照，中华鳖日本品系与普通中华鳖相比，在外部形态方面存在一定的差异，主要表现在：中华鳖日本品系外形扁平，呈椭圆形，雌性比雄性更近圆形，裙边较宽厚；背部黄绿色，光滑，背无隆起、纵纹不明显，背中心略有凹沟，密布淡黄色点状花纹（彩图 5）。普通中华鳖背部暗绿或暗褐色，部分有花斑，表皮上有突起小疣和隆起纵纹（彩图 6）。中华鳖日本品系腹部玉白色，略显黄色，腹部中心有一块较大的三角形花斑，四周有若干对称花斑，以幼体最为明显（彩图 7），随着生长腹部黑色花斑逐渐变淡（彩图 8）。

2. 可量性状比例

经对 2 龄以上的中华鳖日本品系、普通中华鳖各 30 个个体的主要可量性状测量和分析，其主要可量性状比例见表 2-3。

（二）生长特性

以普通中华鳖为对照，在养殖条件一致的情况下，进行中华鳖日本品系的生长性能研究。温室池塘条件为水泥池，20 只，面积均为 21 米^2，池深 60 厘米，安装有蒸汽供热系统，底部铺一层细沙。放养密度为 20 只/米^2，养殖期 10 个月。每天记录两幢温棚的饲料投喂量。养殖期间，每 30 天对两个养殖群体随机抽样测定一次，每温室抽样两只池，每池抽样 20 只，共 40 只，用最小称量为 0.01 克的电子秤逐只称重（表2-4、表2-5）。外塘土池，4 只，面积均为 1 500 米^2，投放前均有 5 个月的养殖空闲期，为干池状态，池底经清淤、曝晒、消毒处理。放养密度定为 1.6 只/米^2，每池放养 2 400 只，养殖期 3 个月，干池彻底抓捕上市，统计每只池塘商品鳖总只数、总重量、平均重量，用于对比分析（表2-6）。

表2-3 普通中华鳖与中华鳖日本品系的可量性状比例（均值±标准差）

项目	普通中华鳖		中华鳖日本品系	
	雌性	雄性	雌性	雄性
背甲宽/背甲长	0.845±0.035	0.824±0.024	0.871±0.021	0.866±0.031
体高/背甲长	0.327±0.024	0.315±0.020	0.316±0.015	0.301±0.018
后侧裙边宽/背甲长	0.128±0.020	0.110±0.015	0.157±0.016	0.169±0.011
吻长/背甲长	0.089±0.010	0.090±0.008	0.099±0.006	0.096±0.005
吻突长/背甲长	0.047±0.005	0.042±0.006	0.041±0.003	0.040±0.004
吻突宽/背甲长	0.037±0.005	0.039±0.006	0.031±0.004	0.032±0.003
眼间距/背甲长	0.031±0.005	0.032±0.005	0.032±0.004	0.032±0.003

表2-4 中华鳖日本品系与普通中华鳖温室养殖阶段生长抽样结果

生长天数	品种			
	中华鳖日本品系		普通中华鳖	
	体重（克）	日均增重（克/天）	体重（克）	日均增重（克/天）
初始	4.08±0.43	—	4.20±0.35	—
30	15.25±6.57	0.37	4.20±0.35	0.26
60	40.58±7.35	0.84	12.13±4.32	0.73
90	77.20±10.86	1.22	34.20±8.93	1
120	126.30±11.48	1.64	64.17±15.90	1.3
150	189.05±17.65	2.09	103.20±13.61	1.46

（续）

生长天数	品种			
	中华鳖日本品系		普通中华鳖	
	体重（克）	日均增重（克/天）	体重（克）	日均增重（克/天）
180	255.20±18.76	2.2	147.08±19.30	1.73
210	330.23±20.12	2.5	199.13±20.34	1.93
240	415.05±28.43	2.83	257.10±22.40	2.1
270	512.10±60.76	3.24	320.20±25.33	2.33
300	613.05±52.32	3.37	390.15±51.26	2.51

表2-5 中华鳖日本品系与普通中华鳖温棚阶段养殖结果统计

类别	放养		养殖天数（天）	出池			成活率（%）	日均增重（克）	日均单位产量（克/米²）	饲料系数
	数量（只）	重量（千克）		数量（只）	总重量（千克）	平均重量（克）				
中华鳖日本品系	8 400	33.6	303	7 745	4 747.7	613	92.2	2.01	37.1	1.29
普通中华鳖	8 400	35.3	305	7 054	3 280.1	465	84.0	1.51	25.3	1.35

表2-6 中华鳖日本品系与普通中华鳖外塘土池生态养殖收获情况统计

类别	放养			养殖天数（天）	收获			成活率（%）	日均增重（克）	日均单位产量（克/米²）	饲料系数
	数量（只）	总重量（千克）	平均重量（克）		数量（只）	总重量（千克）	平均重量（克）				
中华鳖日本品系	2 400	1 080	450	90	2 251	1 841.5	818.1	93.8	4.09	5.60	1.31
普通中华鳖	2 400	1 080	450	92	2 162	1 573.6	727.8	90.1	3.02	3.58	1.34

从统计分析的结果可以看出，对比养殖的两群体中华鳖在放养后的 60 天内，无显著性差异；在养殖 60 天后，中华鳖日本品系平均日增重明显上升，同普通群体比较，生长速度差异显著；在养殖 90 天，规格达 100 克左右以后，生长速度差异极显著。这种生长速度的优势一直保持到温棚与外塘养殖的结束。以两个养殖阶段的日均增重来比较，中华鳖日本品系在温棚养殖阶段，生长速度比普通中华鳖快 33%；成鳖外塘养殖阶段，中华鳖日本品系的生长速度超过普通中华鳖 35.6%。

通过多年对养殖中华鳖日本品系的生长测定，不同年龄的中华鳖日本品系背甲长及体重见表 2-7。

表 2-7 中华鳖日本品系不同年龄的背甲长及体重

年龄	背甲长（厘米）	体重（克）
1 龄	12.48~14.46	284~332
2 龄	15.42~19.76	668~823
3 龄	18.40~20.97	1 045~1 232
4 龄	19.82~26.62	1 551~1 842
5 龄	20.37~31.85	1 987~2 638

雌、雄不同性别的中华鳖日本品系的背甲长与体重关系式为：

$$雌性：W = 0.018\,3 \times L^{3.76}$$

$$雄性：W = 0.377 \times L^{2.62}$$

式中：W——体重（克）；

L——背甲长（厘米）。

（三）繁殖习性

温室养殖的中华鳖日本品系的性成熟年龄为 2 冬龄，外塘养殖的中华鳖日本品系性成熟年龄为 3 冬龄。产卵期为 5 月中旬至 9 月上旬，其中以 6—8 月为产卵盛期。每只 4 龄以上的成熟雌鳖每年可产卵 24~95 枚，以 4—6 龄为盛产。一般每年产卵 3~4 次，每次产卵 8～25 枚（表 2-8 至表 2-10）。

表 2-8　每窝鳖卵采集情况（一）

序号	数量（枚）	序号	数量（枚）	序号	数量（枚）
1	18	16	11	31	15
2	11	17	16	32	12
3	12	18	16	33	13
4	12	19	13	34	12
5	15	20	16	35	11
6	11	21	11	36	11
7	13	22	14	37	16
8	13	23	15	38	17
9	12	24	13	39	16
10	11	25	16	40	17
11	11	26	18	41	13
12	16	27	13	42	14
13	12	28	15	43	14
14	10	29	13	44	14
15	12	30	11	45	13

注：采集地点为浙江萧山海天省级中华鳖日本品系良种场；采集时间为 2010 年 7 月 1 日。

表 2-9　每窝鳖卵采集情况（二）

序号	数量（枚）	序号	数量（枚）	序号	数量（枚）
1	17	6	15	11	21
2	17	7	17	12	18
3	25	8	20	13	17
4	21	9	15	14	16
5	17	10	21	15	22

（续）

序号	数量（枚）	序号	数量（枚）	序号	数量（枚）
16	20	26	23	36	20
17	24	27	21	37	25
18	23	28	25	38	24
19	23	29	21	39	10
20	20	30	23	40	16
21	19	31	21	41	8
22	21	32	18	42	14
23	19	33	16	43	12
24	18	34	18	44	11
25	21	35	19	45	15

注：采集地点为浙江萧山省级中华鳖日本品系良种场；采集时间为 2010 年 7 月 5 日。

表 2-10　7 个池塘中华鳖日本品系 2010 年各月的产卵情况

池号	雌鳖数量	各月产卵数量（枚）					合计（枚）	平均（枚）
		5 月	6 月	7 月	8 月	9 月		
1	1 705	15 070	39 178	49 627	25 982	58	129 915	76.2
2	1 604	18 252	45 479	58 560	29 721	93	152 105	94.8
3	1 438	12 795	31 582	36 762	20 413	—	101 552	70.6
4	1 330	16 070	37 535	43 412	22 905	—	119 922	90.2
5	1 402	12 423	29 856	38 208	23 593	314	104 394	74.5
6	1 880	14 502	32 020	39 677	28 887	929	116 015	61.7
7	2 187	3 761	41 366	62 562	56 408	6 839	170 936	78.2
合计	11 546	92 873	257 016	328 808	207 909	8 233	894 839	77.5

注：采集地点为浙江萧山省级中华鳖日本品系良种场。

（四）营养品质

中华鳖日本品系脂肪少，肉质多，味道鲜美，裙边宽厚，富含胶原蛋白，各种氨基酸含量均高于普通中华鳖，营养价值高。几种鳖的肌肉主要营养成分比较见表2-11。

表2-11　中华鳖日本品系肌肉营养成分与其他两种鳖的比较（%）

项目		中华鳖日本品系	中华鳖太湖群体	中华鳖台湾群体
常规营养成分	水分	78.7	79.7	80.0
	粗蛋白质	19.9	19.3	18.3
	粗脂肪	0.66	0.89	1.14
	粗灰分	1.07	0.89	0.93
氨基酸含量	蛋氨酸	0.22	0.20	0.28
	17种氨基酸总量	18.38	18.06	16.37
	人体必需氨基酸总量	7.14	7.00	6.38
	4种呈味氨基酸总量	7.17	7.05	6.32
不饱和脂肪酸含量	二十碳五烯酸（EPA）和二十二碳六烯酸（DHA）总量	10.90	10.81	13.30

（五）抗病能力

中华鳖日本品系在整个温棚养殖与外塘养殖阶段几乎没有细菌性病害的发生。特别是在温棚养殖中、后期，饲料投喂增多，单位养殖水体载鳖量增高，水质条件明显不如前期的情况下，养殖的中华鳖仍能维持高的摄食强度与正常的生长速度，无细菌性疾病发生。在整个养殖阶段主要的病害是烂脚爪病，发生率在3%左右；雄性生殖器脱出症，发生率在2.5%左右。烂脚病主要是由于温室养殖水体亚硝酸盐长期偏高所致。中华鳖太湖群体在温棚养殖阶段发生过腐皮病与穿孔病，均是由致病菌感染引起，投苗养殖的前2个月内有5个池发生腐皮病，因发现及时，很快治愈；在养殖后期与外塘有少量鳖发生穿孔病疫情，影响了成活率，细菌性疾病的发生率在8%左右。烂脚病发生率稍低，在2.5%左右。从中华鳖日本品系高的出池成活率并结合多年推广养殖反映的情况来看，该品种对中华鳖养殖中几种常见的细菌性疾病（腐皮病、穿孔病等）抗病力强，这与其鳖体保护膜较厚有一定关系。

（六）发展前景

按照产业趋势分析，农业部已将中华鳖生态养殖技术列为全国水产养殖主推技术之一，不少省份也纷纷将中华鳖列为主导品种进行培育。由于中华鳖日本品系生长快、养殖效益高，且养成的商品鳖大规格比例高，台湾鳖及本地鳖远无法比拟，因此尽管其苗价比普通中华鳖要高，但其苗种深受欢迎，养殖户接受程度高。"十三五"是我国现代渔业建设的重要时期，今后随着现代渔业的建设，设施养殖不断升级，虾鳖混养、生态养鳖、设施养鳖等模式的不断发展，中华鳖的养殖产量将不断增加，苗种需求也将不断加大。预计养殖产量将以 3% 左右增幅增加，届时每年苗种需求增长幅度约 4%，全国中华鳖的苗种需求量将达 10 亿只。因此，中华鳖日本品系苗种生产市场前景十分广阔。

二、清溪乌鳖

清溪乌鳖（*Pelodiscus sinensis* var.）是从中华鳖野生体色变异个体经五代选育并经农业部审定的国家水产新品种，品种登记号为 GS01 - 003 - 2008。它具有独特的乌黑腹部体色，营养价值高，是中华鳖遗传育种研究的优良材料。

（一）外部形态特征

1. 体色和外形

清溪乌鳖幼鳖体形近似圆形，随着生长背部逐渐趋向扁平；体表颜色呈现黑色，有黑色斑块；腹部颜色灰黑色，有的带点状黑斑点，随着生长腹部斑点逐渐变浅。其独特的背甲和腹部灰黑色是区分其与普通中华鳖的一个重要外部特征（彩图 9、彩图 10）。

清溪乌鳖成鳖体形近椭圆形，背甲呈卵圆形，稍弓起，覆以柔软革质皮肤，表面具纵棱和小疣粒。背部呈灰黑色，有深黑色斑纹。腹部灰黑色，无斑块。成熟雄鳖尾部粗大且较长，伸出裙边外；成熟雌鳖尾部较短，不露或微露裙边。

2. 可量性状比例

清溪乌鳖幼鳖与普通中华鳖幼鳖的可量性状比例列于表 2-12，成鳖的可量性状比例列于表 2-13。

表 2-12 清溪乌鳖幼鳖与普通中华鳖的可量性状比例（均值±标准差）

参数	清溪乌鳖	普通中华鳖群体	差异情况
背甲宽/背甲长	0.934±0.038	0.944±0.035	无差异
体高/背甲长	0.336±0.026	0.354±0.019	无差异
腹甲长/背甲长	0.790±0.052	0.799±0.035	无差异
腹甲宽/背甲长	0.851±0.037	0.851±0.033	无差异
腹甲凹宽/背甲长	0.401±0.025	0.426±0.041	无差异
尾长/背甲长	0.322±0.024	0.330±0.030	无差异
头长/背甲长	0.305±0.051	0.371±0.045	有差异
头宽/背甲长	0.249±0.061	0.269±0.036	无差异
吻突宽/背甲长	0.044±0.010	0.056±0.008	有差异
眼间距/背甲长	0.046±0.008	0.051±0.007	无差异
前肢长/背甲长	0.510±0.067	0.495±0.066	无差异
后肢长/背甲长	0.662±0.092	0.653±0.073	无差异

表 2-13 清溪乌鳖成鳖与普通中华鳖的可量性状比例（均值±标准差）

参数	清溪乌鳖		普通中华鳖		差异情况
	雌性	雄性	雌性	雄性	
背甲宽/背甲长	0.864±0.021	0.840±0.050	0.840±0.037	0.819±0.041	无差异
体高/背甲长	0.345±0.011	0.317±0.021	0.267±0.061	0.244±0.017	有差异
后侧裙边宽/背甲长	0.168±0.033	0.164±0.013	0.084±0.013	0.091±0.011	有差异
尾长/背甲长	0.119±0.007	0.110±0.010	0.084±0.009	0.087±0.006	有差异
吻突长/背甲长	0.050±0.005	0.045±0.005	0.041±0.004	0.043±0.006	无差异
吻突宽/背甲长	0.038±0.003	0.038±0.004	0.036±0.005	0.035±0.010	无差异
眼间距/背甲长	0.037±0.003	0.037±0.003	0.032±0.005	0.032±0.004	无差异

（二）生长特性

在人工配合饲料精养条件下，清溪乌鳖初孵稚鳖经 450 天养殖，平均体重由初始约 6 克增加到最高 536 克，且雌雄个体间的生长速度差异较大（表 2-14）。在整个养殖过程中，清溪乌鳖的主要病害以穿孔病为常见，早期发生少量的腐皮病、白点病，平均成活率达 85% 以上。

表 2-14　清溪乌鳖体重与增长情况（$n=10$）（克）

日龄（天）	雌鳖	雄鳖	平均体重
0	6.0	6.0	6.6
30	12.2	11.9	12.0
60	35.7	32.5	34.1
90	69.2	60.6	54.9
120	92.4	80.2	86.3
300	292.3	239.7	266.0
450	536.0	450.5	493.2

根据近几年对清溪乌鳖生长的长期跟踪观测，定期测量其体重与背甲长，并进行数理统计分析，结果表明其体重与背甲长呈正相关（图 2-1）。

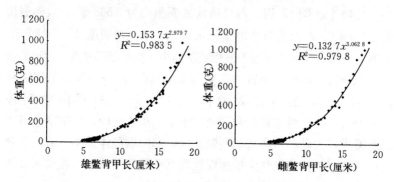

图 2-1　清溪乌鳖的背甲长与体重的关系

在稚、幼鳖采用塑料采光不加温的大棚培育阶段，每口水泥池池塘的面积均为 67.5 米², 水深 35 厘米，透明度 10～15 厘米，放养密度为 25 只/米²。清溪乌鳖幼鳖与对照组的生长抽样结果见表 2-15。就成活率而言，以中华鳖日本品系为最高（99.6%），其次是清溪乌鳖（88.2%）和鄱阳湖群体（87.5%），最后是太湖群体（85.6%）。从绝对增重率和瞬间增重率来比较，以中华鳖日本品系最大，太湖群体和清溪乌鳖其次，鄱阳湖群体最小。清溪乌鳖的成活率、单位产量和生长速度虽不及中华鳖日本品系，但与太湖群体接近，要优于鄱阳湖群体。

表 2-15　清溪乌鳖与对照中华鳖温棚养殖阶段的生长抽样结果

种类	平均始重（克）	平均末重（克）	放养天数（天）	成活率（%）	单位产量（千克/米²）	绝对增重率（克/天）	瞬间增重率（%/天）
清溪乌鳖	6.6	232.5	210	88.2	4.10	1.076	0.017 0
太湖群体	5.0	229.5	207	85.6	3.93	1.085	0.018 5
鄱阳湖群体	7.0	217.5	210	87.5	3.80	1.002	0.016 4
中华鳖日本品系	5.8	323.5	210	99.6	6.44	1.513	0.019 1

成鳖外塘养殖阶段，每口池塘的面积均为 2 668 米²，放养密度为 2 只/米²，水温为自然温度，水深 1.0 米，透明度 25～35 厘米。清溪乌鳖与对照组在外塘养殖模式下的生长抽样结果见表 2-16。就成活率而言，以中华鳖日本品系为最高（95.2%），其次是清溪乌鳖（91.2%），最后是太湖群体（90.5%）和鄱阳湖群体（90.2%）。从绝对增重率和瞬间增重率大小来比较，以中华鳖日本品系最大，太湖群体和清溪乌鳖其次，鄱阳湖群体最小。清溪乌鳖的成活率、单位产量和生长速度均略高于鄱阳湖群体，与太湖群体相当，但低于中华鳖日本品系。

表2-16 清溪乌鳖与正常体色中华鳖外塘养殖生长抽样结果

种类	平均始重（克）	平均末重（克）	放养天数（天）	成活率（%）	单位产量（千克/米²）	绝对增重率（克/天）	瞬间增重率（%/天）
清溪乌鳖	150	620	450	91.2	2.26	1.062	0.003 18
太湖群体	147	630	450	90.5	2.28	1.084	0.003 25
鄱阳湖群体	153	605	450	90.2	2.18	1.004	0.003 06
中华鳖日本品系	160	1 000	450	95.2	3.81	1.867	0.004 07

（三）繁殖习性

1. 性成熟年龄

同正常体色的中华鳖一样，清溪乌鳖也为雌雄异体、体内受精、体外孵化、营卵生生殖的动物。在人工控制条件下，清溪乌鳖的初次性成熟年龄为3龄。

2. 产卵季节

清溪乌鳖的繁殖季节在5—8月，产卵旺季在6—7月。由表2-17可见，观测年份为2004—2006年，清溪乌鳖的开产日期和停产日期出现在5月10日至8月17日，全期100天，与正常体色的中华鳖相似。

表2-17 清溪乌鳖不同年份亲本开产日期及停产日期比较

年份	开产日期	停产日期	产卵期（天）
2004 年	5 月 22 日	8 月 16 日	87
2005 年	5 月 10 日	8 月 10 日	93
2006 年	5 月 10 日	8 月 17 日	100

3. 不同年龄对清溪乌鳖繁殖力的影响

表2-18列出了不同年龄清溪乌鳖的繁殖力情况。清溪乌鳖的

产卵方式为多次产卵，每年产卵次数为3～5次，每次产卵的个数从几个到几十个不等，一般为7～15枚。清溪乌鳖产卵次数、产卵量、卵子质量与自身状况和所处环境等因素密切相关。一般来说，随着亲鳖年龄的增大，繁殖力增强，产卵次数和产卵数量增多，卵重增大，受精率和孵化率增加。

表 2-18　不同年龄清溪乌鳖的繁殖力情况

年龄	亲本规格（克）	产卵期	次数（次）	年平均产卵量（只）	卵重（克）	卵径（毫米）	受精率（％）	孵化率（％）
4 龄	600	5—8 月	3	15	3.0	15	40.0	70.0
5 龄	1 000	5—8 月	3～4	45	4.8	18	88.5	92.5
6 龄	1 100	5—8 月	3～5	55	5.5	21	89.0	93.0

4. 不同年份清溪乌鳖繁殖力的比较

表 2-19 列出了 2005—2007 年间清溪乌鳖的繁殖情况。

表 2-19　2005—2007 年间不同年份清溪乌鳖的繁殖情况

年份	亲本数量（只）	产卵量（万只）	受精卵数量（万只）	受精率（％）	孵化率（％）
2005 年	2 100	7.2	6.1	85.0	92.0
2006 年	4 200	14.7	12.8	87.3	92.8
2007 年	7 500	29.1	26.0	89.2	93.5

（四）营养品质

经检测，清溪乌鳖每 100 克肌肉中各种营养成分的含量见表 2-20。清溪乌鳖营养丰富，主要体现在以下三个方面：①蛋白质含量高。肌肉中共检测到 18 种氨基酸，氨基酸总量达到 18.92％，并且各氨基酸之间的比例与人体的需求接近，因此容易被人体所消化吸收。此外，它还有丰富的胶原蛋白，含量为 7.3％。胶原蛋白不仅有美容养颜的功效，还可增强体质。②脂肪含量低。清溪乌鳖的脂肪含量仅为 0.66％。高脂肪对身体不好，吃多了容易造成胆固醇升高。清溪乌鳖脂肪中富含不饱和脂肪酸，比普通中华鳖要高4%～7%。不饱和脂肪酸具有降血脂的作用，素有"人体的清道夫"之美称。③黑色素丰富。清溪乌鳖腹部乌黑，主要是由于体表沉积大量的黑色素细胞分泌黑色素所造成的。黑色素具有清除体内自由基、抗氧化、防止衰老等作用，保健作用高。

表 2-20　清溪乌鳖肌肉营养成分（%）

项目	含量
水分	78.7
粗蛋白质	19.9
粗脂肪	0.66
粗灰分	1.07
二十碳五烯酸（EPA）	8.35
二十二碳六烯酸（DHA）	8.73
氨基酸总量	18.92
4种呈味氨基酸总量	7.23
谷氨酸含量	3.22

（五）发展前景

清溪乌鳖是中华鳖的一个体色变异种，区别于目前常见的中华鳖，其最大的特征是腹部乌黑，富含黑色素，且能稳定遗传，是遗传育种研究的良好材料。其腹部乌黑体色在幼鳖阶段黑色明显，随着鳖的生长，终生能保持腹部黑色性状，只是黑色的程度随生长而变淡呈灰黑色，少数个体仍能保持原有的黑色。清溪乌鳖的营养丰富，特别是富含的黑色素，具有独特的滋补和药用价值，是鳖中珍品，深受广大养殖者和消费者的喜爱，市场供不应求。尤其是在当前中华鳖产业的转型升级期，清溪乌鳖因品质优、数量少等有利因素，有望成为中华鳖的又一养殖新宠。

（六）苗种来源与注意事项

目前清溪乌鳖苗种生产数量较少，浙江省内以湖州为主，嘉兴地区仅占一小部分。浙江清溪鳖业有限公司建设有清溪乌鳖良种场，每年可提供苗种 100 万只左右。清溪乌鳖适宜的养殖模式为稻鳖共生和外塘仿生态养殖，因其性情较其他鳖凶猛，养殖过程中需要注意合理的稀养，而不能采用高密度养殖方式。建议稚鳖培育阶段放养密度为每 667 米^2 4 000～6 000 只，幼鳖培育阶段为每 667 米^2 1 000～1 500 只，成鳖培育阶段为每 667 米^2 400～600 只。若放养过密，清溪乌鳖会相互撕咬，导致裙边不完整，影响销售。

第三章 中华鳖高效生态养殖技术

第一节 鳖苗培育技术

一、鳖苗的来源

优良的中华鳖种质和种苗是中华鳖养殖业可持续发展的首要保障，运用现代渔业科学技术，开展集约化、标准化、产业化、苗种培育技术研究，提供更多的纯优壮苗种，并由传统的数量型向数量质量效益型过渡，对推进中华鳖产业转型升级具有重要意义。

在养殖实践中，中华鳖鳖苗需由以下来源的亲鳖孵化而来：①由持有国家行业主管部门发放生产许可证的中华鳖原良种场生产的亲鳖，或从上述原良种场引进的中华鳖苗种培育成的亲鳖；②从中华鳖填入种质资源库或从江河、水库、湖荡等未经人工放养的天然水域捕捞的亲鳖，或从上述水域采集的中华鳖苗种培育成的亲鳖，或直接从持有国家行业主管部门发放生产许可证的中华鳖原良种场购买鳖苗，尽量选择中华鳖日本品系、太湖花鳖等优良品系。

二、苗种质量优劣鉴别

中华鳖苗种应符合中华鳖分类、形态特征和种质要求，体重4～50克，体质健壮。具体性状要求如下。

（1）外观 躯体完整，无畸形，无伤残，体表无病灶，同批苗种应规格整齐。卵黄囊已全部吸收，胞衣完全脱落，脐孔封闭。背甲呈黄褐色，无白化；腹部呈橙红色。裙边舒展，无残缺，不下垂，不上翘。

（2）可数性状　头 1 个，能自如伸缩；脚 4 只，能自如伸缩；趾 5 个，第 1～3 个呈锐利尖爪，突出于皮膜外；第 4～5 个藏于足皮膜内。

（3）病害　无寄生性和细菌性鳖病。

（4）活力　①行动：在水中能快捷游动；在陆上能快捷爬行。②反应：外界稍有惊动即能迅速逃逸。③翻身：人为将鳖体腹部朝上 3 次，稚鳖均能迅速翻身逃逸。④伤残畸形率：躯体伤残、畸形率小于 2%。

三、水泥池培育方法

（一）水泥池条件

鳖苗培育水泥池为长方形或正方形，东西走向，南北采光，面积通常为 25～50 米^2，池深 0.8～1.0 米、水深 0.5～0.7 米；水泥池或用砖砌，水泥抹面，壁面光滑，池角呈钝角或圆形；底质以柔软泥沙为好，或去腐蚀多表皮的二层壤土，保水性能好，不易刮伤稚、幼鳖柔嫩的皮肤。

（二）放养前准备

1. 培育池消毒

培育池消毒根据池塘条件的不同可按下列方式进行：①新建水泥池用清水满池浸泡 10～15 天排去泥碱，中间换水 2～3 次，投苗前 1 天进新鲜水 50 厘米，加 1 克/米^3 的漂白粉中和余碱并消毒池水。②多年使用的培育池要经过长时间曝晒，池底泥沙要多次翻耕、冲洗。投苗前 7～10 天每 667 米^2 用生石灰 75 千克兑水去渣，沿池壁到池底均匀泼洒，以杀灭池壁和泥沙中有害生物，同时可中和泥沙中各种有机酸，提高池水的碱度和硬度，然后每立方米水体用 0.18～0.45 克精制敌百虫粉（以敌百虫计）泼洒，彻底杀虫除害。

2. 鳖苗消毒

①稚鳖出壳后十分娇嫩，不宜立即下池，最好先放在光滑的搪瓷盆内，待体表浆膜、脐带自然脱落后（一般需要 1～2 天），用高锰酸钾药浴消毒，然后放入池中暂养 10 天后再出售或进入幼鳖养殖阶段。运输成活率和放养成活率均可达到 98％以上。②鳖苗须经药浴消毒后下塘，以免把异地的病原带进养鳖池内。其方法是用 2％食盐＋1％碳酸氢钠溶液浸洗 20～30 分钟，或 10 毫克/升高锰酸钾溶液浸洗 15 分钟左右，或用硫酸铜 8 毫克/升加硫酸亚铁 2 毫克/升浸洗 10～20 分钟。

（三）苗种放养

鳖苗暂养 1～3 天之后，即可转入稚鳖池饲养，将经消毒处理的稚鳖连盆移至鳖池中，将盆缓缓倾斜，让中华鳖自行爬出。放养密度一般为 30～100 只/米^2。同池放养的鳖规格应整齐。投苗前调节好养殖水温，温差不能大。一般选择晴天上午、水温 28 ℃以上时放养，有利于鳖的活动吃食。

（四）日常管理

1. 培育管理

投饲：将稚鳖配合饲料加工成团状或软颗粒投喂，每天 2～3 次，投喂量以 30 分钟内吃完为准。配合饲料质量应符合《无公害食品　渔用配合饲料安全限量》（NY 5072）和《中华鳖配合饲料》（SC/T 1047）的规定。

2. 水质调节

每天排污、清除残饵，适时加注或更换新水。7～10 天泼洒一次生石灰，用量为 10～15 克/米^3。

3. 病害防治

坚持"以防为主，防治结合"。养殖用具定时消毒，疾病治疗做到对症下药，药物使用应符合《无公害食品　渔用药物使用准则》（NY 5071）的规定，不得使用违禁药物。

4. 日常管理

每天坚持早晚巡塘，定时测量水温、溶解氧、氨氮、亚硝酸盐、pH 等指标。做好巡塘记录。

四、土池培育方法

（一）土池条件

鳖苗培育土池一般为东西走向的长方形，面积为 500～1 500 米^2，池深 1.2～1.5 米，水深 0.8～1.2 米，池堤坡度为 30°，池底泥沙厚度 5～10 厘米，池边与防逃墙距离 0.5～1 米。

在土池四周堤埂中心线上用厚为 0.5～1 毫米、高为 70 厘米的铝合金板作围栏，下端插入堤埂土中 30 厘米，然后每隔 2～3 米用竹、木桩固定。进、排水口设置金属防逃网。用木板等材料在池中间搭建晒背台，每个晒背台面积可依搭建材料灵活掌握，每 667 米^2 土池晒背台总面积应不少于 60 米^2。食台采用优质波纹水泥瓦，搭设于池向阳一侧的近岸处，一边淹没在水下 10～15 厘米，每 150 只中华鳖设一个食台。

（二）放养前准备

1. 培育池消毒

土池可干法或带水清塘。干法清塘时放干池水，清除过多淤泥，曝晒 3～5 天，在池角挖坑，每平方米用生石灰 100 克，兑少量水化成浆全池泼洒，之后用铁耙耙一遍，隔天注水至 0.8～1 米。5 天后即可放鳖。带水清塘时水深 1 米，每平方米用生石灰 200 克，在池边溶化成石灰浆，均匀泼洒或每平方米用含有效氯 30％的漂白粉 20 克加水溶解后，立即全池泼洒，5 天后即可放鳖。

2. 鳖池肥水

土池经消毒处理后，灌水至 50～70 厘米，每 667 米^2 水面放绿肥 200～300 千克于池水中堆沤培水，1 周后捞取不易腐烂的根茎残枝。经培水后，水色呈嫩绿色或茶褐色。水泥池一般另以专用土池培水，使用时将池水灌入水泥池。

（三）苗种放养

鳖放养应一次放足，土池放养密度为 2～3 只/米²。每池放养的稚鳖尽可能为同批孵出的稚鳖。

（四）日常管理

1. 饲料投喂

稚鳖需投喂的饲料包括经漂洗、消毒的鲜活水蚯蚓、新鲜无污染的动物肝脏、稚鳖配合饲料、鲜嫩干净的蔬菜叶、食用花生油。日投饲量（干重）为稚鳖总重量的 3％～5％，并根据天气变化和摄食情况适当增减，每次投饲以 2 小时内能吃完为宜。

下池后第 1 周投喂水蚯蚓或配合饲料加动物肝脏。第 2 周起投喂稚鳖配合饲料（60％）、动物肝脏（35％）和蔬菜类（5％）。并逐步减少肝脏类，增加配合饲料和蔬菜类。经 20 天培育后，投喂稚鳖配合饲料（90％～92％）和蔬菜类（8％～10％），另加入投饲量 1％的花生油。

投喂的饲料要搅拌混合均匀，制成稚鳖适口的软颗粒，均匀地撒在食台上离水面 2～3 厘米处。每天投喂 2 次，上午 06：00—08：00、下午 16：00—18：00 各一次。

2. 水质管理

土池稚鳖培育应注意观察鳖池水质变化情况，每 15～20 天定期泼洒生石灰水 1 次，用量为每 667 米² 15～25 千克。水泥池池水的透明度低于 20 厘米时，应及时加换新水，与原池水温不能瞬间相差±2 ℃。换水量基本上 10 天相当于全部换水一次，避免大量换水，因为没有独立的加热系统，容易引起不良反应。特别是当外界气温下降与棚内温度差异较大时，切忌换水量过大，造成水温变化过大，引发疾病。

3. 日常巡塘

每天投喂前进行巡塘，检查鳖池整体环境的变化情况、鳖吃食和晒背等活动情况及设施完好情况等,并及时做好巡塘日志记录。日志内容包括天气、水温、气温、投饲量及次数、吃食时间、鳖病预防、鳖晒背时间、换水时间及加、换水量等。每个月将日志记录情况进行一次总结分析,及时调整管理措施。

4. 病害防治

稚、幼鳖培育阶段,危害性较大的疾病有真菌引起的白斑病和以腐皮为主的白点病。在养殖过程中,应通过采取积极的综合预防措施,有效地控制病症的发生:①应加强水质管理,通过增氧、换水、种植凤眼莲等漂浮性水生物、适量放养滤食性鱼类、使用有益微生态制剂和生石灰等手段,确保稚鳖有良好的生长环境。②通过加强巡塘,一旦发现病鳖,要及时隔离饲养和治疗。③强化投饲管理,尽可能不要频繁地变换投喂的配合饲料,增强开春后和越冬前饲料的营养,每10~15天根据鳖的生长情况及时调整一次投饲量;有条件时,适量增加鲜活动物性饲料的投喂比例。④在放养幼鳖时,尽可能做到雌鳖、雄鳖分池饲养。每隔7~10天,在鳖种池中泼洒20毫克/升生石灰或0.3毫克/升的强氯精进行消毒和调节水体pH。每隔1个月左右给稚、幼鳖口服广谱性的中草药一次,每次3~5天,如大蒜、大黄、板蓝根、穿心莲等,尽量不用抗生素。水池中水蚤数量较多、水色发红时,应及时捞出水蚤,同时通过曝气、增氧和施用底质改良和水质优化的微生态制剂,抑制有害菌的繁殖,保持鳖池水质的相对稳定。

第二节 成鳖养殖通用技术

一、中华鳖人工配合饲料投喂技术

中华鳖健康养殖一定要投喂优质饲料,最好是选择信誉和质量过硬厂家生产的全价配合饲料。投喂的饲料首先要求新鲜不变质,加工后存放时间不能太长,颗粒大小应适宜。其次是严格控制调整好日投饲量,每天的投饲量主要根据鳖的摄食情况和天气、温度及水质变化而定。

（一）温室养殖投喂技术

1. 投饵"四定"原则

温室养殖中华鳖过程中饲料投喂应遵循"定点、定质、定时、定量"的"四定"原则。

（1）定点 即在固定的食台或食场投喂，这样既可掌握吃食情况，又了解中华鳖的生长情况，同时也便于清洗消毒。除室外精养塘食台从开始放养起就固定水位外，室内池的食台要根据中华鳖的规格大小不断调整。如鳖苗阶段水位20厘米时，食台也在20厘米处与水位平行。而当鳖苗长到50克时就应调高水位至30厘米或40厘米，食台也相应调高并经常清洗。当使用膨化配合饲料投喂时，应适当扩大食台面积，每个池（30米^{2}左右）建议使用四块石棉瓦，食台面积以占养殖池面积的20%为宜。

（2）定质 饲料质量除要按不同生长阶段的营养需求进行合理配比外，要求绝不投喂变质腐败的饲料，所以饲料要求现做现配。在各阶段饲料的合理配比中，也应根据当时的情况对饲料原料品种进行适当的调整。如在容易暴发中华鳖病的季节，饲料中应添加些防病抗病的"肠炎平""清热散""强壮素"；并配合水体消毒"强力海因""溴铵""金碘""新灭灵""强灭灵"及病毒阻断剂，以增加中华鳖的机体抗病力，预防疾病的发生。

（3）定时 要根据不同的季节和中华鳖的规格调整投饵时间和次数，中华鳖成鳖养殖阶段为每天3次，即第1次06:00，第2次13:00，第3次19:00。定时既要考虑中华鳖的摄食时间，又要考虑饲料在鳖体内的消化吸收时间。使餐与餐之间的间隔不要太长也不要太短。

（4）定量 虽然目前已制定出各个生长阶段的投饵率，但因在实际工作中很难准确测定当时存塘的实际体重，所以投饵量应在前餐的基础上根据其实际吃食情况灵活调整，一般调整幅度为5%左右。

2. 投饵策略

（1）上栅板条状投喂法 这是一种把饲料做成圆柱形、长条状放在一块特制的带栅栏的食台板上投喂的方法。栅板的制作方法：取厚2厘米、宽25厘米、长度与投饵池边的长相等的木板，然后在离长边10厘米处顺长边钻一排栅柱孔，孔距为1厘米（一般以稚鳖爬不进去为宜），栅柱可用普通竹筷子的一半粗，长15厘米钉于栅柱孔上即可。料板制好后呈30°斜置于中华鳖池墙边，其中栅下2厘米位于水中，栅柱板的底部则再顺一排水泥瓦，供中华鳖爬行吃食。饲料条的粗细根据中华鳖的大小而定。一般中华鳖苗阶段（3克）为1～3厘米料径，中华鳖种阶段（50克）为3～5厘米料径，成中华鳖阶段（200克以上）为5～8厘米料径即可。投喂时料条顺放在料板上，以后根据中华鳖的成长可逐渐抽掉部分栅钉以增大栅距，以便中华鳖能伸入头颈吃食。这种方法的优点是饲料在水上食台中因有栅栏围挡，饲料不致掉入水中，而且中华鳖也不能随便爬到饲料板上抓坏饲料。由于饲料条较粗，即使有点湿度，饲料也不会糊烂，中华鳖在吃食时可以咬多少吃多少，不会把饲料撒落到水中，从而减少浪费和对水质的污染。投喂3小时后，如有剩余饲料也易收起。饲料板也可用抹布擦净，由于在板上能掌握吃食量，也较容易控制投饲量。通过试验，用这种方法投饵可降低饲料系数，同样换水次数也较在食台上撒颗粒的方法减少1/3左右，是目前较好的一种水上投饵法。

（2）**水下栅笼投饵法** 在一些保温性能差、空间环境变化大、湿度高的控温温室，由于水上食台投喂因上述环境变化会影响中华鳖的摄食，为达到不浪费又能吃好的目的，须具备下列条件：①饲料的黏合性须较水上投食的饲料好，要求4小时内水泡不散形。②有较好的调水设施，水下调温可采用高温水调节，如当池中水温低于29℃时可用33℃的温水调节。一般这种方法较费水，再是用蒸汽管在水下直接加温。也有用池底热水管循环热水流增温。③要有较好的增氧设施。④能利用光能培养水中的生物体，使水体中有个较好的生态环境。⑤要有科学合理的投喂方法。⑥如采光温室最好在池中设一小型的晒背台。

水下栅笼条状投饵的具体方法：首先是做好饲料板。饲料板可用厚 3 厘米、宽 12 厘米、长度与投饵处池边的长度相等，与水上栅栏状的做法相同，但栅笼两边须有栅栏，以免中华鳖在吃食时爬进饲料板抓坏饲料，做好置放时先在饲料板底下垫一排水泥瓦，瓦片离水面 15 厘米，垫好后再把饲料板平放到水泥瓦上，放好后可用砖块把饲料板压住，以免饲料板翻转或偏斜。投喂前先把饲料充分与相当比例的水用搅拌机拌匀，然后用饲料机做成规格与水上投喂相同的条状饲料，投喂时只需把饲料平放在饲料板上即可。大约投喂 3 小时后拿出饲料板，收取剩饵，擦净饲料板。这种方法污染较少，饲料也较把颗粒直接撒在平面水泥瓦上浪费少。

（二）外塘养殖投喂技术

中华鳖外塘养殖过程中，饲料投喂也应遵循"四定"原则。外塘养殖为从稚鳖到亲鳖全过程，因此投喂技术要有所区别。

1. 稚鳖投喂

稚鳖养殖一般选择鳖用配合饲料。每次投饲前清扫食台上的残饵，保持食台清洁。采用"四定"原则进行投喂，具体如下。

（1）**定点** 稚鳖放养初期，设置沉底饵料台，进行水下投喂；30 天后逐步过渡为水上投喂。

（2）**定时** 水温 20～25 ℃时，每天 1 次，中午投喂；水温 25 ℃以上时，每天 2 次，分别为 08：30 前和 16：00 后。

（3）**定质** 配合饲料质量和安全卫生指标应符合行业和国家相关标准。

（4）**定量** 中华鳖最适投喂量应控制在八分饱，以保持其饥饿感，形成对时间地点的条件反射可使饲料在尽可能短的时间内吃完。除了饲料浪费少，且饲料中的营养成分能被充分利用，避免了饲料在水中溶解和高温分解。适量投喂还能提高饲料的消化率，减轻中华鳖的肝脏负荷，预防发病。因此，建议水上投喂每次所投的量控制在 1 小时之内吃完为宜，具体投饲量的多少还应根据气候状况和鳖的摄食强度进行适当调整。建议在高温季节日投喂率为 4%～6%，9—10 月则逐渐降低至 1.5%左右。

2. 亲鳖投喂

亲鳖饲料种类包括：①配合饲料；②动物性饲料，如鲜活鱼、虾、螺、蚌、蚯蚓等；③植物性饲料，如新鲜南瓜、苹果、西瓜皮、青菜、胡萝卜等。

动物性饲料和植物性饲料投喂前应消毒处理，洗净后可用浓度为 20 毫克/升的高锰酸钾溶液浸泡 15～20 分钟，再用淡水漂洗后投喂。配合饲料的日投饲量（干重）为亲鳖体重的 1％～3％；鲜活饵料的日投饲量为亲鳖体重的 5％～10％；在繁殖前期应适当加大鲜活饵料投喂量。每次的投饲量以在 1 小时内吃完为宜。

每次投饲前应清扫食台上的残饵，保持食台清洁。投喂前鲜活饲料需洗净、切碎，配合饲料加工成软硬、大小适宜的团块或颗粒，投在未被水淹没的食台上。根据鳖的摄食情况确定每天投喂次数，水温 18～20 ℃时，2 天 1 次；水温 20～25 ℃时，每天 1 次，中午投喂；水温 25 ℃以上时，每天 2 次，分别为 09：00 前和 16：00 后。

二、养殖水质调控技术

（一）鳖对水质的要求

中华鳖虽为爬行动物，但其一生绝大多数时间都是在水中度过。水是鳖赖以生存的环境，因此水质条件的优劣直接影响鳖的生长发育和抗病能力。养殖用水首先要保证无农药、重金属等污染，此外中华鳖对水质的要求主要体现在以下七个方面。

1. 水温

中华鳖是变温动物，对水温的变化非常敏感，水温过高、过低或者剧烈波动均会影响鳖的摄食、生长和新陈代谢等过程。日本学者的研究结果显示，鳖的最适生长温度为 30 ℃，水温低于 18 ℃时停止摄食，12 ℃左右进入冬眠。鳖的快速生长除了需要较高的温度外，还需保持温度的相对恒定，水温波动较大使鳖难以进行适应性的生理调节，容易导致代谢紊乱，从而引发病害。气温较低时，最好采取加盖塑料薄膜等措施进行保温，夜间还应在膜上铺盖草毡等保温材料，白天则移去覆盖物，尽量利用日照对水体进行加温。有条件的还可利用锅炉加温或加注热水等方法升高水温，不过升温时要特别注意控制升温速度，前后水温温差不能太大。夏季气温过高时，则应积极采取搭遮阳棚、通风、加注凉水等措施为池水降温，一般水温不宜超过 33 ℃。

2. 水色

养鳖池中的池水颜色会因为池水中浮游生物的群落交替而呈现各种变化。浮游生物作为这个小环境中的一部分，对养殖动物的生长发育起着举足轻重的作用，所以水色是水质监测的一个重要指标。养鳖用水最理想的颜色是油绿色，符合"肥、活、嫩、爽"的要求，此时水中的有机物含量适宜，浮游生物适量繁殖，隐藻、硅藻、甲藻等易消化、个体大、营养价值高的藻类成为优势种类。这种水不仅可以为水体补充溶解氧，促进有机物的分解，还能降低水体透明度，给中华鳖提供稳定、隐蔽的生长环境，有效防止鳖相互攻击、咬斗。

3. 透明度

中华鳖是一种喜暗怕光的动物，所以养殖水体透明度不宜过高，最好控制在 25～35 厘米，这样中华鳖处于相对隐蔽的状态下，可以有效减少相互咬斗的发生，提高成活率。对于较清瘦的水体，通常可通过施肥、充气使底泥悬浮等方法降低水体透明度。若透明度过低则表明池中浮游生物含量过高，易造成水体溶解氧不足、水质恶化，也会对鳖的生长不利，应适当加注新水，并清除底部残饵和排泄物，以降低水体中悬浮物的含量，适当提高透明度。

4. pH

pH 是一个重要的水化学和生态指标，养殖水体的 pH 不仅直接作用于鳖的生理代谢，还将影响浮游生物的种群组成和水体的各种理化性质。鳖的最适 pH 为中性（即 pH 为 6.5～8），过高或过低均不利于鳖的最佳生长。但相关研究结果表明，稚鳖具有极强的抗强酸、抗强碱的能力，这可能与鳖的呼吸方式有关，避免了鳖的腮可能被强酸、强碱性水质腐蚀从而导致呼吸障碍的麻烦，亦可能是由于体表革质的背、腹甲对机体的保护作用。尽管鳖耐受酸碱的生理机制尚不清楚，但可通过这种强抗性适当调节水体 pH，从而达到防治病害的目的。由于鳖对生石灰具有较强的耐受性，所以泼洒生石灰无疑成为最常用也最经济的防病手段。相关研究结果显示，鳖对生石灰的安全浓度为 239 毫克/升，根据这个指标可将泼洒生石灰的常规用量由原来的每 667 米² 水面（水深 1 米）用 15～25 千克增加至每 667 米² 水面（水深 1 米）用 40～50 千克（即 60～75 毫克/升），可有效提高防治效果。

5. 溶氧量

虽然中华鳖的空气呼吸摄氧量占总呼吸摄氧量的 97.32%，但中华鳖大多数时间都是在水中度过的，因此水体环境中溶氧量的高低在一定程度上制约着中华鳖的生长发育：①当水体溶解氧充足时，有机物有氧分解，水中硫化氢、氨氮等有害物质的含量减少，同时鳖的活动能力和摄食行为旺盛，从而加速了其新陈代谢和生长速度，能有效增强免疫力，提高饲料效率。②潜水以及冬眠状态的鳖主要依靠口咽腔里的腮状组织进行呼吸，此时水中的溶解氧就成为主要的呼吸摄氧源。一般鳖池中溶氧量应保持在 3 毫克/升以上，低于该标准时应采取增氧措施补充溶解氧。

6. 盐度

盐度指水体中各种盐类的总浓度，盐度的大小直接关系到水生生物细胞的渗透压，是关乎其存活率的重要因素。鳖是狭盐性动物，据日本学者的研究结果显示，中华鳖在盐度 15 以上时，24 小时以后全部死亡；盐度为 10 时，9 天后全部死亡；而在盐度低于 5 的水中，中华鳖能生存 4 个月以上。所以，在养殖过程中一定要控制养殖水体的盐度，特别是在利用食盐消毒、防治疾病时要严格控制食盐水的浓度和浸浴时间。

7. 氨氮

氨氮的主要来源是残饵和排泄物中的蛋白质。在养殖过程中必须及时清除残饵、底泥，防止水体恶化，减少氨氮对鳖生长发育的影响。氨氮对养殖动物具有很强的毒性，据研究结果表明，水中氨氮浓度为 30～100 毫克/升时鳖摄食量下降，浓度为 100 毫克/升时则可能引起中毒或引发腐皮病等疾病，而氨氮浓度为 150 毫克/升时鳖即停止摄食，高于这个浓度的水体更将严重威胁鳖的生存。因此，要随时关注水体中的氨氮浓度，一般养殖水体的氨氮浓度应控制在 10 毫克/升以下。平时除了及时清除残饵外，还应勤加水、勤充气，定期使用生石灰、漂白粉等改良剂进行水质改良，尽量使氨氮逸出水体或转化成离子铵。此外，还可在池内养殖凤眼莲等绿色植物起到辅助改良作用。

（二）水质调控技术

养鳖池的水质管理是养殖管理中非常重要的环节。在实际生产中，如果根据自然水体的变化规律对人工养殖水体进行水质管理，可以达到事半功倍的效果。当然，不同养殖阶段的中华鳖对水质的要求略有不同，在具体管理时还应根据各生长发育阶段的特点分别对待、因时而宜。

1. 密切监控水质状况

养成早、晚巡塘的习惯，对池塘水色、水深、鳖的活动和摄食情况进行实时监控，并定期借助温度计、酸度计等工具监测池水的理化性质，及时发现问题并尽早解决，防患于未然。

2. 做好池水温度调节

在正常情况下，鳖的摄食受水温所影响。鳖的生长适宜温度为 25～35 ℃，其中 30 ℃为最适生长温度。特别是加温养殖时，由于鳖习惯了高温、恒温环境，对于温度的波动尤为敏感，温差一般控制在 2 ℃之内。

对于加温养鳖，温室内气温条件为 33～35 ℃，理想的水温条件应控制为（30±2）℃。对于常温养殖，早春、晚秋气候尚不稳定，应适当加深水位，防止水温频繁、过急地变化；盛夏水温达到 34～35 ℃时，亦应及时加深水位；初夏当水温达 25 ℃左右时，则应适当降低水位，使池水温度尽快达到适宜温度范围。

3. 控制水位

集约化养鳖过程中，水深对不同阶段或不同大小的鳖有不同的要求。稚鳖前期一般要求水深 20～30 厘米，幼鳖阶段水深通常为 50～80 厘米，成鳖池的水位则应保持在 1 米左右。池水过深，鳖呼吸时上下运动消耗体力太大；池水过浅，则会使水质不稳定。在正常情况下，应避免水位忽高忽低。露天池要求雨后水位不猛涨，久旱水位不锐降，控制水位相对稳定。

4. 做好换水消毒

影响水质的主要因素是残饵和排泄物沉积，产生各种有毒气体，如氨过量等。特别是饲养后期，个体和密度均较大，要严防水质恶化。最理想的是天天换水，但考虑到热能消耗、成本、换水引起水质过清以及对鳖的惊扰，因此可定为每周换水 1～2 次。每隔 10～15 天可交替使用生石灰 10～15 毫克/升和漂白粉 2～3 毫克/升进行池水消毒和调节水的 pH，使之处于 7.5～8.5 的范围内。这种方法经济又简单，既可改良水质又有较好的防病作用。

5. 实施增氧

集约化养殖容易缺氧，产生有毒气体。及时增氧能加速这些有害气体的逸出，净化水质。一般池水溶氧量与透明度的关系为：当池水透明度在 20～30 厘米时，溶氧量大致在 4～6 毫克/升，这时的环境最适于鳖的生长。由于鳖的习性和鱼不同，增氧不能采用一般渔用增氧机，现在多数使用空气泵或鼓风机充气增氧。

6. 控制养殖密度

中华鳖是一种喜静却好斗的动物，密度过大不仅影响鳖的摄食、生长和发育，还易引起相互咬斗，对鳖池的病害防控非常不利。在中华鳖的人工养殖过程中，养殖密度通常较大，特别是稚、幼鳖池，随着鳖的生长发育，个体增大，养殖密度越来越大。在生长旺盛的季节，水体中的残饵和排泄物剧增，水体中的其他生物量也迅速增加，水体的负荷和底层的氧债越来越严重，这种水体环境下的鳖长期处于应激状态，机体的免疫力降低；同时由于生存空间和食物的争夺，将更激化相互之间的争斗，对于鳖的生长与病害控制极为不利。因此，在不同的生长时期都应制定合理的分养计划，进行分池饲养，控制养殖密度。

7. 水生植物与水质改良

鳖池中放养浮游植物和高等水生植物（如凤眼莲、紫背浮萍等），对控制水质具有重要意义。凤眼莲等大型水生植物，放养量应控制在总水面的1/4左右；浮萍等小型水生植物可按1千克/米²的量放养。浮游植物和水生植物均可净化水质、减少换水量、节约能源并为鳖池营造一个隐蔽的生态环境，同时还能生产部分优质青饲料，用来养殖草食性鱼类或鳖的饵料鱼，使部分物质进入再循环，节约饲料，提高效益。

三、主要病害防控技术

自然界生活的野生鳖，种群密度低，生存空间大，免疫力强，一般较少发病。但在人工饲养条件下，由于养殖密度剧增，生存空间受限，水体负载变大，溶解氧不足，水质极易恶化，鳖长期处于应激状态，机体免疫能力降低，易导致疾病的发生。此外，由于对生存空间和食物的争夺，鳖易发生咬斗，伤口病灶更为病原的入侵开启便利之门。据统计，在养殖密集地区，鳖的发病率可达40%～50%，死亡率高达20%～30%，对养鳖业的发展造成了严重威胁。

（一）发病主要原因

一个鳖池构成一个完整的小生境，鳖是其中的一部分，其摄食、生长、繁殖等过程均与周围的环境条件息息相关。一旦环境条件不适合鳖的生长，或鳖的生理功能由于某种原因发生变化，从而使其生理活动紊乱，就易导致鳖发病甚至造成死亡。在人工养殖条件下，鳖的环境条件均为人工控制，与野生环境相差较大，环境的改变必将引起鳖生命活动的变化，包括食欲下降、免疫力降低、病害发生增加等。总体来说，鳖病的发生是养殖对象、环境条件、养殖技术、病（敌）害等多因素之间综合作用的结果。

1. 养殖对象因素

（1）**种质** 鳖人工繁殖时所用亲本数量较少，且多选择人工养殖的成鳖，很少利用野生鳖，导致近亲交配的概率剧增，引起种质衰退，抗逆性下降，环境稍有不适便会诱发疾病，甚至大量死亡。

（2）**免疫力** 如果鳖的自身免疫力强于病原的致病力，水体环境亦适宜鳖的生长，那么鳖一般不易患病；相反，如果鳖的抵抗力弱于病原的致病力，且水质环境也不利于其生长，那么就极易引起发病甚至大量死亡。在不同的生长阶段，鳖对病害的免疫力存在一定差异，一般幼龄鳖、个体弱小或体质弱的鳖免疫力较低。

2. 环境条件因素

（1）**阳光** 中华鳖有晒背的习性。经常晒背的作用：①可以促进体内钙质的合成，使鳖甲增厚变硬，增强其对外来侵袭的抵抗力。②可以杀死体表的寄生虫或其他病原。③可以增加鳖的体温，加速血液循环，促进新陈代谢。在鳖的养殖过程中，很多养殖塘特别是温室养殖池常会忽视对阳光的利用。由于满足不了鳖晒背的需求，易导致鳖生理失常，免疫力降低，易受到病原的侵袭而发病甚至死亡。

（2）**水温** 中华鳖是生活在水中的变温动物，由于没有调节自身体温的能力，其体温大致与生活环境的温度相接近；同时，水温的变化还影响着水体污染源的毒性和病原的消长。因此，鳖的生活与水温的变化有着密切的关系，对水温的敏感性很强。鳖的最适生长温度为 27～33 ℃，水温偏低，鳖易感冒；过低还可发生冷休克，如冬季越冬池内，如果水温波动较大或突然大幅降温，可造成稚、幼鳖的大量死亡；而高温季节水温过高（超过 35 ℃），鳖的食欲明显下降，免疫力降低，极易发病。

（3）**水质** 衡量水质的指标通常包括水体 pH、溶氧量、盐度、透明度、氨氮含量等。各项指标不合格均会对鳖的生长发育造成一定的影响。养殖池塘水质恶化一般是因养殖管理不当造成，如饲料投喂过多，残饵沉积在底部长期进行无氧分解，释放有害气体，加上长时间不加注新水或换水，导致水体污染，不仅会造成鳖的慢性中毒，还可诱发腐皮病、疖疮病、红底板病及呼吸系统疾病等，严重时会造成鳖大量急性死亡。

3. 养殖技术因素

（1）**病原引入**　购进苗种时未经谨慎选择，导致外来的病鳖混入养殖池塘，致使鳖病交叉传播。此外，各个养鳖池进、排水口相通也易造成鳖病的交叉传播。

（2）**放养密度**　适宜的放养密度对于鳖病预防和提高成活率非常重要。养殖密度过大时，水体的负载量随之增加，沉积在池底的残饵和排泄物的分解产物不断对水体造成污染，影响水质，增加病原的感染机会。此外，养殖密度过大时，由于争夺溶解氧和生存空间，鳖相互咬斗，不仅对生长不利，而且伤口容易感染致病菌引起发病。

（3）**机械损伤**　在鳖的养殖管理过程中，如果操作不当易导致鳖体受伤，如频繁的分养、捕捞和运输等，伤口极易感染水中的致病菌、病毒和真菌，从而引发鳖病。

（4）**饲料投喂**　投喂变质的饲料或长期使用营养不全面的饲料均会引发疾病。腐败的饲料不仅适口性和营养价值大大降低，同时还易引起鳖的急性或慢性中毒。营养不全面的饲料不能满足鳖生长发育的需求，投喂后不仅使鳖生长缓慢，而且还易引发营养性疾病，危害鳖的健康，降低商品鳖的品质。此外，投喂方法不正确也应引起重视，如不搭建食台而直接将饲料投入水中，不仅降低了饲料效率，而且加速了水质的富营养化。

（5）**药物施用**　滥用药物的危害日益显现：①可增强病原菌的耐药性，使鳖病越来越难以防治。②破坏了水中生物种群的平衡与相互制约的关系。③过多用药可直接造成鳖体中毒。④滥施药物会导致药物在鳖体内的残留，并逐渐富集，从而严重威胁消费者的健康。

4. 病（敌）害因素

常见鳖病大多是由各种致病生物感染所致。能引起鳖病的病原包括细菌、病毒、真菌和寄生虫等。这些致病生物通常附着在鳖体表面或寄生于体内，吸取鳖体的营养物质，破坏其组织，降低机体的免疫能力，不同程度地影响鳖的生命活动。此外，还有一些生物，如水鸟、蛇、鼠类、猫等动物，可以直接吞食或间接伤害鳖，对鳖的危害也较大。

（二）发病主要特点

1. 潜伏期和病程较长

鳖病的病原多为条件性致病菌，一般情况下并不引起发病，但在机体平衡状况被破坏或者环境条件发生改变时会引发疾病。鳖的抗病能力强于鱼类等，其被病原感染后，通常会经历一个较长的与病原对抗的阶段，因此鳖病的潜伏期一般较长。据调查，患红底板病的鳖，大多是上一年被病原感染，于冬眠复苏后暴发，潜伏期可达 8~9 个月；而患出血性肠道坏死症的鳖也基本是在温室中感染，经过漫长的冬季后在室外养殖池中暴发。

2. 发病时间集中

鳖病的流行时间一般集中于每年的 5—10 月。不同生长阶段的鳖发病时间不尽相同。刚出壳的稚鳖体质较弱，环境适应能力差，因而极易发生病害；幼鳖则易在生长旺盛阶段发病，因为此时随着鳖体的生长，养殖密度逐渐增大，残饵和排泄物增多，水体的负载量也逐渐变大，幼鳖长期处于生理性应激状态，对疾病的抵抗力下降，很容易暴发病害；成鳖和亲鳖的发病高峰期在冬眠前后，因为这一阶段水温变化较大，水体的理化性质也随之改变，加之冬眠期间大量的能量消耗，很容易造成鳖的大批死亡。

3. 继发性感染和并发症普遍

很多鳖病是由继发性感染引起。产生继发性感染的原因主要包括两个方面：①由于机械伤害，伤口易引发继发性感染。人工养殖鳖的放养密度一般较大，如果不注意分池饲养或者雌雄放养比例不当，易引起鳖的相互咬斗；水体的透明度过大，也将导致鳖缺乏安全感而变得好斗；此外，与池壁的摩擦、管理操作与运输过程中造成的伤口都为病原侵入创造了条件。②由于病原入侵，机体的免疫力随之下降，各项生理活动也会发生变化，从而为其他病原的感染创造了条件，易引发多种并发症。如患出血病的鳖易导致其他病原感染；皮肤损伤常会引起真菌性疾病；白斑病的发生常会引发腐皮病、腮腺炎、穿孔病等；常见的还有红脖子病和红底板病并发症等。

4. 出血与器质性病变较多

绝大多数鳖病均呈现出血症状，主要表现为体表和内脏器官黏膜弥散性出血以及口、鼻出血等。具有出血症状的常见鳖病包括红脖子病、赤斑病、疖疮病等。除出血症状外，鳖病另一个主要症状为器质性病变，如肝脏肿大、质脆等。

5. 诊断与治疗困难

中华鳖是水陆两栖动物，但大部分时间都生活在水中，平时只能在其摄食或晒背的时候观察其健康状况；此外，鳖生性怕人，见人即迅速逃离，也给鳖病的观察、诊断带来极大的困难。平时观察到的行动迟缓、浮于水面、具有明显症状的鳖基本已经病入膏肓，治疗价值不大；而且病鳖大多食欲大减，难以通过常规的口服治疗使药物在其体内达到有效浓度，所以常规用药很难达到预期效果。

（三）鳖病的预防

鳖病的防治研究起步较晚，无论是病原还是防治方法，其研究均不够深入和完善；而且鳖病的防治有其特殊性，即发现和诊断较困难、常规用药难以达到治疗目的等。因此，无论从鳖池的直接损失，还是从治疗费用以及人力、物力的耗费来看，对于鳖病必须坚持"防重于治、全面预防、无病先防、有病早治"的策略。

1. 提高鳖体自身免疫力

（1）**重视科学繁育** 由于野生鳖种群数量日益稀少，很多繁育场直接选用人工养殖的成鳖取代野生鳖进行繁殖。用人工养殖的成鳖作为亲鳖极易出现近亲交配，而养殖条件下长成的鳖在机体抗性、耐受性等方面均弱于野生鳖，这必然会导致中华鳖的养殖群体发生种质退化，特别是抗病能力的下降尤为明显。因此，人工繁殖时不仅要挑选体质健壮、生长速度较快、体型较好的个体作为亲鳖，而且还应保证每个繁殖群体个体间的差异性，最好能配备一定数量的野生鳖作为亲鳖，防止近亲繁殖。此外，对于加温养成的亲鳖需经 1～2 年的常温养殖、越冬才能作为合格的亲鳖。

(2) 保持水体生态平衡 鳖病的病原多为条件致病菌，一般只在机体平衡状态被破坏或环境条件发生改变时引起疾病，保持水体的微生态平衡对于鳖病的预防具有积极作用。合理利用微生态制剂是调控和保持水体生态平衡简便易行的方法。微生态制剂的使用对环境无毒、无害、无残留、无副作用，是目前较为理想的生态防病措施之一。其作用包括净化水质，增加水体溶氧量及维生素、钙质、促生长因子等营养成分，增强鳖的免疫力，从而提高成活率，并能有效降低养殖成本。市场上常见的微生态制剂主要有光合细菌、有效微生物群（EM）活性酵素等。

(3) 做好科学用药 药物预防是病害预防过程中的重要一环，其能有效切断病原的传播途径，增强机体的免疫力，防止疾病传播。药物预防可贯穿于整个养殖周期，包括放养前对水体环境和鳖体的消毒，养殖过程中对各种工具、养殖设备、饲料等的消毒，药物与饲料的拌喂，病害流行季节通过挂药袋或药篓的方式在食台或晒背台周围形成消毒区等。在药物的选用上尽量选取来源充足、价格低廉、使用方便、性能稳定、效果明显的常用药。

(4) 发展免疫预防 免疫接种是指给中华鳖定期接种免疫原（主要为类毒素），使其对病原产生免疫力，达到预防病原感染和病害传播的目的。目前，免疫接种在中华鳖养殖中的应用还非常少见，因为这种方法需逐个注射，费时费力，有效期较短，而且技术尚不成熟，疫苗的保护率不高（≤85％）。然而，随着中华鳖免疫技术的发展，免疫预防将具有巨大的发展潜力与广泛的应用前景。

2. 切断病原入侵途径

(1) 重视水源选择 水源是鳖病引入和传播的主要途径。不管选取哪里的水源，都需经过分析或处理，符合国家《渔业水质标准》（GB11607）后方能用于养殖。此外，为了避免病害的交叉感染，水源不应选在养殖场排水口的下游附近。

（2）**定期清淤和消毒**　在鳖的养殖过程中会有大量的排泄物和残饵在池底沉积，不仅会通过代谢反应产生硫化氢、氨氮等有害物质，严重危害鳖的生长发育，而且为病原的孳生、繁殖提供了温床。因此，要定期对池底的沉积物进行清除并消毒池底，为鳖提供良好的水体环境。整池清淤一般每隔 1～2 年进行 1 次，清淤后可按每 667 米^2 水面用 100～150 千克生石灰或 15～20 千克漂白粉的量进行全池泼洒，以有效预防和减少疾病的发生。

（3）**防止病原引入**　有条件的养殖场应建立相对封闭的自繁自养生产体系，尽量减少因引种、异地运输而造成疾病传播。目前，很多养殖场并不具备自繁自养的能力，每年均需从外地购进鳖种。在这种情况下，就应坚持施行检疫制度，对鳖种进行严格挑选，剔除伤残鳖和病鳖；提前了解苗种场的疫情状况，不从有传染病历史的地区和养殖场购进鳖种；不选购多次转手倒卖的鳖。此外，应将引进的鳖种放在单独的池塘中饲养 2～3 周，经观察确认无病后方可并入大池与原有鳖种混养。

3. 开展科学饲养管理

（1）**坚持合理放养密度**　中华鳖的放养密度与规格大小、饲料水平等都有关系。有些养殖场为了追求单位面积产量，盲目加大放养密度，结果适得其反。因为密度过大，水体极易恶化，雄鳖还会因对溶解氧、饲料、生存空间的争夺而相互咬斗，不仅影响了生长速度，而且争斗产生的伤口很可能为病害的暴发埋下隐患。因此，鳖的养殖不提倡密养。一般体重 3～5 克的稚鳖放养密度为 50～100 只/米^2；50～150 克的幼鳖的放养密度不应超过 15 只/米^2；成鳖的放养密度一般为 5～7 只/米^2。此外，随着鳖的生长发育，养殖池塘的密度逐渐增大，应定期进行分养，一般以 1 个养殖周期分养 2～3 次为宜。

（2）**坚持做好水质管理**　水质管理涉及的内容较多，包括水温控制、水量调节、水体消毒、定期排污等。温度是影响鳖类健康的重要因素之一，应将温度保持在最适范围内并保持相对稳定，特别是运输、分养、消毒等管理操作应在允许的温差范围内进行，因为温度突变不仅会诱发疾病，严重时还会引起鳖的死亡。此外，水体pH、溶氧量以及氨氮和各种有害气体的含量等理化指标也是养殖管理控制的重点。整池的水质调控，应通过保持水中各种浮游植物种群的稳定、人工移植水生高等植物等措施，充分发挥生物净化功能，有效去除过量的营养元素，改良水质，减少发病。此外，还应适当使用生石灰、光合细菌、沸石等改良水质，建立良好的水生态系统。

（3）使用多样化饲料　如果饲料不能满足鳖的营养需求，如蛋白质含量偏低或某种氨基酸成分缺失等，会对鳖的生长发育产生较为严重的影响，甚至引发各种营养性疾病。目前市场上的人工配合饲料质量参差不齐，长期使用可能引起营养缺乏症。为了弥补某些营养成分的不足，提高鳖的商品质量，宜投喂多样化的饲料，即将人工配合饲料和鲜活饵料配合使用。人工配合饲料须是新鲜适口、无腐败、无霉变、在保质期内的优质饲料；而鲜活饵料也要注意使用前的消毒处理，以免病原通过饲料途径传播。

（4）加强日常管理　在放养前用生石灰（100～150毫克/升）或漂白粉（10～20毫克/升）对鳖池进行彻底消毒，放养后定期用生石灰（100毫克/升）进行消毒，并经常打扫食台和晒背场所。

在分养时应对鳖体进行浸洗消毒。常用的浸洗液有高锰酸钾溶液、食盐水、碳酸氢钠溶液等。其中可用100毫克/升高锰酸钾溶液对鳖体浸洗5～10分钟；或用2.5％食盐水浸洗10～20分钟，以杀灭稚鳖体表的钟形虫、累枝虫、水蛭等寄生虫；或用500毫克/升食盐和碳酸氢钠合剂浸洗稚、幼鳖10小时左右，以预防毛霉病和水霉病。

养殖工具虽难以做到专池专用，但用后应及时消毒，对于小型工具在使用前需用10毫克/升硫酸铜溶液浸泡5分钟以上，大型工具可在日光曝晒后使用。

工作人员在日常操作中，其手脚和衣鞋都应适当消毒，并谢绝无关人员随意进入养鳖区。

养殖操作及长途运输时应小心谨慎，尽量减少机械伤害，防止病原感染，提高养殖鳖的成活率。

（5）**坚持巡塘制度**　应建立早晚巡塘的制度，及时了解鳖的摄食、活动以及生长情况，发现敌害、污物、残饵应及时清除，并对食场进行定期消毒，保持池塘环境卫生。对于表现异常的鳖要及时起捕并尽快诊断，一旦确诊为病鳖，应立即放入隔离池饲养并治疗；对于病情严重无法治愈或患急性传染病的鳖，应进行集中处理，以免疾病传播导致病情难以控制。

（四）常见鳖病及其防治技术

近年来，由于人工养鳖的规模不断扩大，养殖密度不断升高（尤其是温室养鳖），不同区域间的种源交流混乱，使得病害的种类与发生率持续上升。鳖病研究起步较晚，有些疾病尚未找到发病的原因与病原，对其治疗措施更是束手无策。因此，鳖病为养鳖业带来了巨大的经济损失。

据初步分析，目前鳖病呈现四大特点：①疾病种类多且较混杂；②病原不明确；③疾病多以症状命名，常出现一病多名和一名多病；④防治难度大。鳖病根据病原类别的不同可分为五大类，根据发病鳖养殖阶段的不同可分为三大类。

1. 根据鳖病的病原类别分类

由细菌引起的疾病：腐皮病、红脖子病、疖疮病等。

由真菌引起的疾病：白斑病、水霉病等。

由寄生虫引起的疾病：绿毛病、水蛭病、盾腹吸虫病等。

由未确定病原（如病毒等）引起的疾病：腮腺炎、红底板（白底板）病、穿孔病、越冬死亡症、萎瘪病等。

由非生物因素引起的疾病：氨中毒、脂肪代谢不良症、维生素缺乏症、冻（暑）害等。

2. 根据发病鳖的养殖阶段分类

稚、幼鳖养殖阶段的疾病：白斑病、水霉病、钟形虫病、腮腺炎、萎瘪病等。

成鳖养殖阶段的疾病：腐皮病、红脖子病、红底板（白底板）病、水蛭病、穿孔病等。

稚、幼鳖与成鳖阶段的共同疾病：疖疮病、锥虫病、越冬死亡症、氨中毒、脂肪代谢不良症、冻（暑）害等。

3. 常见鳖病及其防治方法

1）细菌性疾病

（1）腐皮病

病原：多由鳖相互咬伤、抓伤或擦伤体表而感染细菌引起。患部作细菌学检查时可分离出气单胞菌、假单胞菌等多种细菌，其中气单胞菌被认为与该病关系最大。

症状：病鳖背部、四肢、颈部、裙边等处皮肤溃烂，组织变白、发炎、溃烂。严重时四肢爪尖脱落，骨骼外露。剖检可见肝、肺部有脓肿（彩图11）。

流行与危害：该病在我国各地均有发生，有时与疖疮病并发，出现严重的病情。各种规格的鳖都会出现并发症，尤以0.2～0.45千克的鳖最为严重。

在鳖的生长季节均可发生，春末夏初易发。放养密度越大，患病概率越大。该病主要影响鳖的生长，病鳖多数仍能长期生存，患部也会自然痊愈，但严重时会引起死亡。

预防：注意水质清洁，防止鳖相互撕咬是预防该病的主要措施之一。故在饲养过程中应及时大小分开，每周坚持用2～3毫克/升的漂白粉全池泼洒。

放养前用0.003％的氟哌酸对鳖进行浸洗。水温在20℃以下时，浸洗40～50分钟；20℃以上时，浸洗30～40分钟，既可预防又可进行早期治疗。

治疗：发现病鳖应及时隔离治疗。用0.001％的碘浸洗病鳖48小时，反复多次可痊愈，一般治愈率可达95％。对于并发病可用土霉素（每千克体重用0.05毫克）药饵治疗。

（2）红脖子病（大脖子病）

病原：一般认为病原是嗜水气单胞菌嗜水亚种。

症状：病鳖反应迟钝，行动缓慢，不摄食，常浮于水面或匍匐于堤岸、晒台；或潜入泥沙中不动。颈部充血、发炎、肿大，不能正常伸缩，严重时口鼻出血，眼失明，腹甲有红色斑块（彩图12）。

流行与危害：在我国养鳖地区多有发生。各种规格的鳖均可患病，尤其对成鳖危害严重。流行季节较长，春、夏、秋季都可发生，传染性极强，死亡率为20%～30%，严重时可造成鳖的成批死亡，甚至全池覆没。

预防：①加强饲养管理，及时清除残饵，并经常保持水质清洁，可减少该病流行。②放养前用10～20毫克/升漂白粉或100～150毫克/升生石灰清塘消毒。③饲料中添加土霉素、金霉素等抗生素或磺胺类药物。投喂方法为：第1天每千克体重用药0.2克，第2天至第6天用量减半，制成药饵投喂，6天为1个疗程，连用2～3个疗程。

治疗：该病无特效治疗药物，常用下列方法治疗，轻者可治愈：①人工注射庆大霉素和卡那霉素，每千克体重用药15万～20万单位，从鳖的后脑基部注入腹腔。②用病鳖的病变组织制成土法疫苗，混入饲料中投喂或注射。

（3）疖疮病

病原：一般认为病原是嗜水气单胞菌点状亚种，后经细菌分类学研究重新分类为豚鼠气单胞菌。

症状：初发病时，在病鳖四肢、裙边、颈部等处出现少数病灶或绿豆大小的疖结，白色，外露；随着病情的发展，疖疮隆起，最终表皮破裂。此时用手挤压病灶，可压出黄色脓汁状内容物（彩图13）。若随病情继续发展，疖疮内容物可凝固成颗粒状自行脱落，留下一个空洞。鳖长疖疮后，活动减弱，食欲减退或停食，体质逐渐减退，最后头不能缩回，衰竭而死。

流行与危害：该病一般发生于5—7月。主要危害稚鳖，以刚入温室饲养第1个月内的稚鳖发病与死亡率最高。

预防：①合理密养，防止受伤。②将有疖疮的病灶挤压清洗后，放入土霉素溶液（每立方米水体 40 克）药浴 2～3 天。③保持水质清新，室外常温养殖时每 15 天换水 1 次，室内加温养殖时每 5～7 天换水 1 次。发病水体用强氯精全池泼洒，每立方米水体用药 1 克。

治疗：①发病高峰期，每只鳖（250～1 000 克）人为迫食四环素 0.1 克；同时将池水排至 25～30 厘米深，用土霉素（40 毫克/升）药浴 2～3 天，一般 1 周后多数会痊愈。②将病鳖隔离，挤出病灶中的内容物，将鳖放入 0.1％～0.2％依沙吖啶溶液中浸洗 15 分钟，绝大部分可治愈。

2) 真菌性疾病

(1) 白斑病（毛霉病、豆霉病）

病原：为毛霉菌目、毛霉菌科、毛霉菌属的毛霉菌。

症状：可寄生于鳖甲、四肢、颈部、尾部等身体各部位的皮肤。患病后，鳖甲上产生白斑状的病变，表皮坏死、变白，逐渐脱落。病鳖食欲减少，躁动不安，爱在晒背台上停留（彩图 14）。

流行与危害：该病主要危害稚、幼鳖。传染快，感染率可达 60％，死亡率一般在 30％左右。一年四季均可流行，以 4—6 月和 10—11 月最为严重。驯养喂食后 20～60 天的稚鳖发病率最高。水温波动大的加温养殖池所养的鳖，亦极易发生该病。

预防：①放养前用生石灰清塘消毒，放养时仔细操作，防止鳖体受伤。②在流水池的新水中毛霉菌繁殖迅速，保持水质肥而嫩、爽，毛霉菌的生长会受到抑制。

治疗：①用适量的磺胺类软膏涂擦患处，直至毛霉菌被杀死、脱落为止。②将病鳖在 10 毫克/升漂白粉溶液中浸泡 3～5 小时，或在 3％～4％食盐水浸洗 5 分钟，或以 0.5％～0.6％食盐水浸洗 24 小时，均可有效治疗该病。

抗菌药物具有促进本病发展的作用，切忌使用。

(2) 水霉病（白毛病）

病原：由水霉菌等多种真菌大量繁殖而引起该病。

症状：病菌在鳖体表、四肢、颈部等处大量繁殖，严重时布满鳖体表面，使鳖体犹如披上一层棉絮，有时沾有泥污，呈灰褐色。病鳖食欲减退，甚至拒食，影响正常生长发育。

流行与危害：此病对稚、幼鳖危害严重，稚、幼鳖如在越冬期间发病，可能会大量死亡。10厘米以上的鳖极少因该病而死亡。

预防与治疗：可参考毛霉病的防治方法。

3）寄生虫性疾病

（1）绿毛病（钟形虫病、累枝虫病）

病原：由原生动物钟形虫、累枝虫、聚缩虫、纤毛虫等附生于鳖体而引起。

症状：最初病鳖的背、腹部和四肢表面可见灰黄色或黄绿色絮状簇生物，由于虫体颜色大多与养殖水体的水色相近，所以平时很难发现。当病情逐渐严重时，病鳖大多不安或停食，即使在阴雨天也不潜于水下。捞出病鳖后用手抹去体表虫体，寄生处可见出血现象，严重的发展至整个颈部、眼睑、四肢和泄殖孔，最后病鳖大多因食欲下降后并发其他疾病导致衰竭死亡。

流行与危害：各种规格的鳖均会患该病，稚幼阶段的鳖患该病可导致死亡。常温养殖池常在6—9月发病，加温池一年四季均可发病。流行面广，危害严重。该病可引发其他传染性鳖病的发生。由于虫体的寄生，破坏了鳖机体防御体系的第一道关卡——皮肤，便于病原侵入，从而导致其他传染性疾病的发生。

预防：①养殖池塘在放养前最好放干池水，曝晒池底数日，再用生石灰彻底清塘。注水后再用硫酸铜（每立方米水体1克）、硫酸亚铁（每立方米水体4克）兑水泼洒，以杀灭寄生虫。②养殖期间可用市售的水产杀虫药按说明书规定方法定期杀虫。

治疗：①发现本病后可用高锰酸钾按每立方米水体10～15克进行全池泼洒治疗。发病初期每立方米水体也可用硫酸铜1克、硫酸亚铁4克兑水泼洒或用市售的高铁酸锶按说明书规定方法治疗。②病情严重的鳖可捞出后用6%的食盐水或pH为10的生石灰水浸泡3分钟，并隔离饲养。③应改善鳖的晒背条件并加强投喂管理。

(2) 水蛭病（蚂蟥病）

病原：由拟蝙蛭、鳖穆蛭等水蛭寄生而引起。

症状：病鳖体表与裙边内侧和腹甲连接处可见淡黄色或橘黄色的黏滑虫体，严重的可寄生至头部、眼和吻端。虫体一般手触微动，遇热蜷曲但并不脱落，当强行将虫体剥落时，可见寄生部位严重出血。病鳖常焦躁不安，有时爬到晒背台不愿下水。当虫体寄生在眼和吻端时，则病鳖头向后仰，并四处游蹿。病程长的鳖食欲减退，身体消瘦，腹部苍白，呈严重的贫血状态，从而影响其生长。该病较少直接导致死亡，大多是由于寄生部位并发其他感染性疾病而死亡。

流行与危害：人工养殖的鳖患该病的数量及鳖体上水蛭的条数较少，水蛭多吸附在尾部腹面。野生鳖患该病的比例较大，严重时可导致鳖死亡。

预防：平时经常用生石灰调节水质，使水的 pH 保持在 7～8 的微碱性状态，因为 pH 略高的水体不适于水蛭生长。

治疗：①泼洒生石灰，使池水 pH 上升至 9，刺激水蛭从鳖体脱落；然后用漂白粉按 1.5 毫克/升的浓度全池泼洒，6 天后再用高锰酸钾按 5 毫克/升浓度全池泼洒，即可除去大部分水蛭。②也可用鲜猪血浸湿毛巾放在进水口处的水面上进行诱捕，一般 3～4 个晚上即可捕到大部分水蛭，带虫体的毛巾可用生石灰掩埋以杀死虫体。

(3) 盾腹吸虫病（肠穿孔病）

病原：盾腹吸虫。

症状：病鳖消瘦，解剖可在肠道发现盾腹吸虫。

流行与危害：大量寄生盾腹吸虫，可造成肠壁有小孔，严重时鳖因肠穿孔而死。对稚幼鳖危害较严重，死亡病例少见，但影响生长发育。其幼虫寄生于淡水螺体内。

预防：不喂鲜活螺可防止患病。

4) 未确证病原疾病

(1) 腮腺炎（腮状组织坏死症）

病因：目前尚无关于该病病原的正式报道。从该病发病急和死亡率高的特点来看，较有可能是由病毒引起。

症状：发病早期，少数鳖背甲上有白斑出现，容易被忽视或误诊。患病鳖有的颈部肿大，全身浮肿，脏器出血，但体表光滑；有的则是腹甲上有出血斑。早期病鳖因水肿导致运动迟钝，常浮出水面沿着池壁缓慢独游，有时静卧于食台或晒背台上不动，不摄食。到发病后期还可见到口、鼻流血。解剖病鳖，可见两种症状：①腮腺灰白糜烂，胃部和肠道有大块暗红色淤血。②腮腺糜烂程度较轻，呈红色，胃部和肠道呈纯白色的贫血状态，腹腔则积有大量的血水，肝呈点状充血。

该病最显著的特征：①脖颈肿大，但不发红。②胃肠道有凝固的血块或毫无血色。

流行与危害：腮腺炎是鳖病害中危害最大、传染最猛烈、死亡最快的一种传染病，一旦发病，死亡率极高。该病主要发生在稚、幼鳖生长期。该病的流行地区主要集中在我国的华东和华南地区，在华东地区流行季节为4—6月与10—11月，在华南地区则为3—6月与11—12月。

预防：①改善水环境。由于导致该病发生的主要原因之一是池水环境恶化，所以预防该病应把搞好水环境放在首位。改善水环境的具体措施如下。一是降低水位，适当换水。只要池水不结冰，即使在冬季也不需要很高的水位，一般华南地区可保持在30厘米左右，华东地区保持在40厘米左右即可，使上下层水体对流交换的速度会相对快些，也能使底层的有害气体逸出。有换水条件的地方应适当换水，使水质保持清爽。二是种好水草，防止水质败坏。种植种类一般可为凤眼莲和水花生，水草应种养在距池边1米处。三是控制投喂量。过量投喂是造成水体败坏的原因之一。一些养殖场将食台设在池底，既不仔细检查鳖每餐的摄食情况，也不及时清除残饵，造成大量饲料腐败变质，污染水体。因此，要控制饲料的投喂量，一般成鳖阶段投喂量应控制在其体重的3%左右，并根据前餐的摄食情况灵活调整。四是定期泼洒生石灰水。养鳖水体大多呈酸性，一般pH在6左右，而鳖喜欢在微碱性水体生活，所以应每隔 15 天泼洒生石灰水（每立方米水体为 50 克）调节池水 pH，使 pH 保持在 7～8。②搭建晒背台。有些养殖池塘很大，却不在池中搭设晒背台，鳖只好在杂草丛生的池坡上晒背，爬上爬下容易将泥土带入池塘，使池水变混。有的池坡较陡，鳖无晒背的地方，只好在池边爬行，也易把池水弄混。所以养殖池塘应设置达到池水总面积 5％的晒背台。

治疗：①泼洒消毒。发病池每隔 6 天用二氧化氯以治疗量的 2 倍连续泼洒 3 天，以控制病情。②药物治疗。在投喂率不低于 0.5％的鳖池，可使用中草药和西药相结合的治疗措施。可用头孢拉啶和庆大霉素按 1∶1 的比例，以每天投喂干饲料量的 1％混饲投喂，连用 5 天。同时用甘草 10％、三七 10％、黄芩 20％、柴胡 20％、鱼腥草 25％、三叶青 15％，按每天投喂干饲料量的 2％混饲投喂，连用 15 天。③治疗期间应及时捞出死鳖，并进行深埋等无害化处理。

(2) 红底板（白底板）病

病原：国内外关于红底板与白底板病病原的研究较多。之前认为细菌感染是该病的病因；之后研究表明该病是细菌与病毒混合感染的结果。原发性红底板（白底板）病为先感染细菌后感染病毒；继发性红底板（白底板）病则是先感染病毒后感染细菌。其中嗜水气单胞菌可能为主要细菌性病原，中华鳖类呼肠孤病毒和腺病毒可能为主要病毒性病原。

症状：①行为变化。鳖突然或长期停食是红底板（白底板）病的典型症状，减食量通常在 50％以上。发病后病鳖多在池边漂游或集群，头颈伸出水面后仰，并张口呈喘气状，有的鼻孔出血或冒出气泡。严重者有明显的神经症状，对环境变化异常敏感，稍一惊动即迅速逃跑，不久后潜回池边死亡。②外部症状。病鳖体表无任何感染性病灶，背部中间可见圆形、黑色斑块，俗称"黑盖"。病鳖死亡时头颈发软伸出体外，有的因吸水过多而全身肿胀呈强直状。头部朝下提起刚死亡的病鳖时，其口鼻滴血或滴水。有的腹部呈深红色（彩图 16），有的则呈苍白色（彩图 17）。大多数雄性病鳖生殖器脱出体外，部分脖子肿大。③内部症状。剖检可见病鳖头颈部组织糜烂，有淡黄色或灰白色的变性坏死，气管中有大量黏液或少量紫黑色血块。肺脓肿或气肿，丝状网络分离，有的有大量紫黑色血珠或淡黄色气泡。肝肿大，有的呈紫黑色血肿，有的出现淡黄色或灰白色"花肝"。胆囊肿大。肠管中有大量淤血块，有的肠壁充血，也有的肠管空虚，无任何食物。有些病例膀胱肿大、充水，稍触即破。心脏呈灰白色，心肌发软无力。雌性病鳖输卵管充血，雄性病鳖睾丸肿大充血，阴茎充血发硬。有的有大量腹水。

流行与危害：该病来势凶猛，病程长，死亡率高，一年四季均可发生。当气候环境恶劣或正常养殖环境被突然打破等均可诱发本病，特别是春季当温室鳖种转外塘时发病率最高，可达80％左右。

预防：①增强鳖抵抗疾病的能力，多投喂有营养的饲料，控制水温，促进早吃食多吃食，投喂预防药物；在越冬前，每千克鳖用氟苯尼考10毫克，连喂6天，增强其越冬期的抗病力。②通过改良水质与池塘消毒，控制病原菌的生长。

治疗：注射硫酸链霉素。某养鳖场每千克鳖试用2万单位硫酸链霉素，对治疗红底板病效果较好，3天恢复摄食，5天后红斑开始消退，7天痊愈。

（3）**穿孔病**（洞穴病）

病因：长时间投喂新鲜度差的动物内脏、腐败的鱼、虾及鳖体受伤是该病的诱因，细菌二次感染可能是致病的主要原因。有些研究者提出，该病的病原菌是嗜水气单胞菌、普通变形杆菌和肺炎克雷伯菌。该病可能是多种病原菌混合感染引起的疾病，但病原尚未确定。

症状：发病初期，鳖的背甲、裙边和腹甲部位出现疮疤，周围充血；不久疮疤自行脱落，在背甲、裙边和腹甲上留下小孔洞，洞边缘发炎，轻压有血液流出（彩图18）。

流行与危害：在常温养殖条件下，流行时间一般为5—11月，发病高峰为6—9月，12月至翌年3月病鳖带病灶冬眠。在加温条件下，全年可发生此病。

预防：①疫池中的病鳖或外观健康的鳖，严禁与未发现穿孔病的稚、幼鳖混养。②操作时，严防疫池的水污染周围池。③工具专用，操作员工作后手脚消毒。此条在生产实践中尽管较难执行，但在集约化、工厂化养鳖中必须执行。④避免鳖体受伤，操作应小心细致。

治疗：可采用内服和体外消毒相结合的方法。内服药可选择高敏和中敏药物，药饵 7 天。外消药物可先用漂白粉后用石灰。

（4）越冬死亡症

病因：稚、幼鳖在越冬期间，特别是在露天池越冬很容易引起大批死亡。此外，规格不同的鳖同池饲养互咬、捕捞方法不当、成堆挤压、越冬管理不善等因素均可导致该病。但越冬期间引起死亡的病原尚不清楚。

症状：越冬期患病的鳖，其症状几乎与细菌感染完全相同。死亡亲鳖多为雌性。

预防：①在产卵期间和越冬期前的适温期，多投喂一些新鲜而富含营养的饲料，增强鳖体抗病力。②冬眠前，将鳖捕起，全池彻底消毒，并排干池水，曝晒 2～3 天，以改善池塘底质。③冬眠期加深池水至 1.5 米左右，避免搅动池水而干扰鳖冬眠。

5）非生物因素疾病

（1）氨中毒

病因：在某些静止水池或越冬池中，由于水不流通，不能充分换水，池中的残食、排泄物过多，腐败后产生有毒的氨。当水中的氨含量累计达到 100 毫克/升以上时，便会引发该病。

症状：四肢、腹甲部明显出血、红肿、溃疡，裙边边缘卷缩，呈刀削状。肋骨突出，身体消瘦，食欲不振，常爬上岸不吃不动。

预防与治疗：适时换水，保持水质清新。发病池立即全池换水，一般 10 天左右即可自愈。

（2）脂肪代谢不良症

病因：由于饲料中缺乏维生素或过量投喂腐烂的鱼肉及霉烂变质的饲料，导致变性脂肪酸在鳖体内大量积累，代谢功能失调，逐渐引发该病。

症状：病情较轻时没有明显的外部症状，若剖开腹腔，可嗅到恶臭气味，原本呈白色或粉红色的脂肪组织变为土黄色或黄褐色，肝脏发黑，骨骼软化。病情严重时，外观异样，背部隆起很高，体高与体长之比在 0.31 以上。四肢、颈部红肿。腹甲呈暗褐色，有浓厚的灰绿色斑纹，表明皮下水肿。患病鳖体质难以恢复，逐渐变成慢性病，最后因停食而死亡。

预防：①保持饲料新鲜，尽量不投喂腐败变质的饲料，并在饲料中经常添加维生素 E。②采用优质人工配合饲料一般不会发生该病。

第三节　成鳖主要养殖模式与技术

一、池塘养殖模式

中华鳖池塘养殖模式，重视鳖的生理特性和生活习性，通过生态养殖系统内的水质调控、病害的生物防治、优质饲料使用等综合技术的集成，减轻养鳖带来的自身污染，大大降低鳖病的发生，确保生产的鳖品质好，口感佳。

（一）池塘条件

中华鳖养殖场的选择，既要适合中华鳖的生态习性，又要方便，有利于生产，可从下面几方面考虑：①水源充足，排灌方便。要求水量充沛，大旱不干，大涝不淹，有利于调节鱼池水位；水质良好，肥度适中，不宜用已污染的水源。井水、地下泉水因温度过低，不宜直接使用，需经升温后才能使用。②土质结构良好。要使池塘既能保水又能完全排干，要求底土是保水性能良好的黏土或黏壤土。为有利于中华鳖栖息和冬眠，底土上层要有一定厚度的淤泥和细沙的混合土层。③饲料充足，交通便利。中华鳖喜食动物性饲料，养殖场应建在动物性饲料来源丰富、运输方便的地区。④方位适当，朝向正确。中华鳖喜静怕惊，喜阳怕阴，喜洁怕脏，并且其胆小贪食，相互间好斗以及具有较强的攀爬本领。池塘宜建在阳光充足、环境安静的地方。不宜建在背阴、行人车辆来往频繁和噪声很大的厂房旁边。生态养殖以土池为主，根据投资规模和地方大小，尽量分类建好亲鳖池、成鳖池和幼鳖池。无论哪种鳖池，都必须保证鳖有足够的晒背场和投饵场。鳖池的类型和规格见表3-1。

表3-1 鳖池的类型和规格

鳖池类型		面积（米²）	形状	池深（米）	水深（米）	池堤坡度	池底泥沙厚度（厘米）	池边与防逃墙距离（米）
幼鳖池	水泥池	25～50	东西走向长方形	0.8～1.0	0.5～0.7	90°	10	—
	土池	500～1 500		1.2～1.5	0.8～1.2	30°	5～10	0.5～1.0
成鳖池	土池	1 500～5 000		2.0～2.5	1.5～2.0	30°	10～15	2.0～3.0
亲鳖池	土池	5 000～10 000		2.5～3.0	2.0～2.5	30°	10～15	2.0～3.0

为了防止中华鳖的逃逸、敌害的侵入以及各池间中华鳖的串走，在养鳖场周围及各池塘之间必须设置牢固的防逃设施。土池可在池埂上建造防逃墙，商品鳖池和亲鳖池的防逃墙高为1米左右，幼鳖池的防逃墙高50厘米左右。防逃墙可用砖石、水泥结构，也可用竹木或铁皮制造，表面光滑牢固即可。目前使用较多的是在鳖池四周堤埂中心线上用厚为0.5～1毫米、高为50厘米的铝合金板作围栏。围拦时，将铝合金板竖立插入堤埂土中30厘米，然后每隔2～3米用竹、木桩固定，防止各池的养殖鳖相互间爬行混杂，影响科学饲养。水泥池的池壁可代替防逃墙，但也要出檐，池壁应高出水面30厘米以上。整个养鳖场周围也应砌围墙，高低因地制宜，如太低也要出檐，高些对防止敌害侵入更有利。除防逃墙外，在鳖池的进、排水口也应做好防逃装置，一般在进、排水口罩上铁丝网，也可在进、排水管口套上防逃筒。

在仿生态养殖池塘中，中华鳖的晒背台选择在池塘背风向阳、环境安静的一边设置，一般使用石棉瓦或竹木搭建；石棉瓦横向斜置于池坡上，一边入水15厘米，便于鳖上下；竹木则制作成龟背形，平置于水中，用竹竿或木桩固定。晒背台面积按池塘内中华鳖放养量确定，成鳖养殖池每 200 只按 1 米² 设置，幼鳖养殖池每 400 只按 1 米² 设置，稚鳖池每 1 000 只按 1 米² 设置。

食台可用晒背台稍加改造，做到晒背与投饲两用，目前采用优质波纹水泥瓦，搭设于池向阳一侧的近岸处，一边淹没在水下10～15 厘米，每 150 只鳖设 1 块。

（二）苗种选择与运输

中华鳖池塘生态养殖一般是以自繁自育的种苗为主，品种宜选择中华鳖本地种、中华鳖日本品系、清溪花鳖等优良品系，苗种要求出壳规格 3.5 克以上，体质健壮，外表无伤，大小基本一致，且无病史的种苗。外购种苗还必须注意两点：①越冬前购进的稚鳖不能小于 5 克/只，从外引进稚鳖最好是当年的头批苗或第 2 批苗，这类鳖苗在越冬前还有 1～2 个月的摄食生长时间，越冬前其个体一般都可达到 10 克以上，能够保证越冬成活率达 95％以上。如果引进的稚鳖个体不足 5 克，且很快就进入越冬期，则稚鳖越冬成活率较低。②外购幼鳖养成商品鳖，最好不引进温室养成的幼鳖，尽量选购池塘自然养殖且无病无伤的幼鳖。如果一定要选购温室养成的幼鳖，则必须注意时间，且池塘水温稳定在 25 ℃以上，一般要求在 6 月中旬以后才能购进，否则由于温室幼鳖转入池塘过早，环境变化过大，导致多种鳖病的发生。另外，幼鳖运输必须每只用布袋包装后才能篓装或袋装运输。

（三）放养前准备

1. 池塘消毒

放养前 15 天左右，使用生石灰等消毒剂对池塘进行消毒。湿法消毒生石灰用量为 150～225 克/米³，一般在池塘岸边将生石灰碾压成粉，取池塘水将其调成石灰水，在岸边均匀泼洒。干撒方式消毒生石灰的用量为 90～120 克/米³，使用时于上风口泼洒，勿让生石灰粉与眼睛接触。

2. 培水

放养前 1 周着手对池塘水的理化因子进行调控。池塘水保持 pH 在 7.2～8.5，氨氮浓度低于 1 毫克/升，亚硝酸浓度低于 0.1 毫克/升，水色要"肥、活、嫩、爽"，可适度泼洒微生态制剂，维持水体生物多样性。为提供中华鳖充足的野生饵料资源，每 667 米² 放养抱卵青虾 2～4 千克和螺蛳 50～100 千克。

(四) 苗种放养

放养前，先对中华鳖进行个体消毒。一般使用 0.5％～1％ 的食盐水浸泡 5 分钟左右，或使用 5～6 毫克/升的聚维酮碘浸泡 2～5 分钟，或使用 20～30 毫克/升的土霉素浸泡 2 小时。

应根据养殖者技术水平、养殖计划产量及中华鳖的规格设置其初始苗种放养密度，保证养殖全过程顺利开展。适宜的放养密度为每 667 米² 1 000 只左右。放养一般选择水温在 20 ℃以上进行，将经消毒的中华鳖盆倾斜，让其慢慢自行游入鳖池。

(五) 饲养管理

1. 投饲管理

中华鳖放养 2 天后即可开始诱食，可在饲料中混合蛋黄作为诱食剂。一般情况下第 5 天，中华鳖摄食水平可达到正常水平。制作诱食料时，饲料含水量可按照 1∶1.5 的比例添加，制成团状饲料放于水下食台上。在驯食期间，应该培养定点、定时的摄食习性，利于管理观察。养殖过程要投喂优质饲料，新鲜不变质，加工后存放时间不能太长，颗粒大小适宜。另外还要严格控制调整好日投饲量，每天的投饲量主要根据鳖的摄食情况和天气、温度及水质变化而定。饲料中不得添加违禁药物和人工合成色素。

2. 水质管理

日常重视做好水质调控。平时最好每个月中途施 1 次生石灰，用量为 10～15 克/米³。水质保持一定的肥度，透明度掌握在 25～30 厘米，水色呈黄绿色或茶褐色。池内可以适当种植水草，混养青虾、螺蛳、鲢、鳙、黄颡鱼、花鲻、银鲫等品种，以调节水质和改良底质，套养数量不宜太多，一般为每 667 米^{2}20～50 尾。定期用复合微生态制剂、芽孢杆菌、有效微生物群等来降低水中的氨氮、亚硝酸盐的含量，有效分解底层有机质和其他有害物质。使用生态制剂时，一般在晴天 08:00—09:00，加水活化 1～2 小时后泼洒，并提前 1 小时打开增氧机。使用生态制剂后 5 天内不能消毒和杀虫。

3. 疾病防治

根据中华鳖生长阶段发病特点与日常观察是做好预防工作的重点：①平时每隔 20 天左右消毒 1 次，消毒药物有生石灰、二氧化氯、三氯异氰尿酸钠等安全环保药物，交替消毒。②定期在饲料中交替添加"产酶益生素""甲鱼多维""鱼虾补乐"（抗应激反应）、免疫多糖、氟苯尼考及"病毒星"等中草药制剂，以增强甲鱼的免疫力。③预防应激反应，尤其是在气候、水温等环境因子变化明显或突变时，如梅雨和台风暴雨季节及高温天气等，及时做好疾病的预防和水质的调控，防止中华鳖应激反应增强，以致内分泌失调而导致发病。④常见疾病的治疗参考相关技术准则。

（六）捕捞上市

根据市场行情和中华鳖的养成规格，及时起捕销售。

二、虾、鳖、鱼混养模式

虾、鳖、鱼混养是利用养虾池塘在养虾的同时混养中华鳖和鱼类的一种节本高效养殖模式。该模式的核心是充分利用了池塘养殖空间水体以及虾与鳖两种不同食性的物种间的生存竞争关系，实现了共存互利。该技术最初起源于在南美白对虾发病严重的池中放养鳖种，以尝试挽回养殖损失。结果发现，对虾养殖后期的发病率降低，抗台风等灾害性天气的适应性增强，南美白对虾养殖抗风险能力明显提高。随着研究的深入与技术改进，逐步形成了一套较为完善的技术体系，并在浙江乃至周边省份全面推广。该技术不仅提高了池塘利用率和综合经济效益，也提高了商品虾和鳖的品质，得到广大渔农民的认可。

(一) 虾池改造与准备

1. 池塘改造

因中华鳖具有攀爬习性，虾池需增设防逃设施。具体做法同前所述。一般虾池面积以 0.67～1 公顷为宜，水深 1.5～2.5 米，坡比 1：（2.5～3）。配备独立的进、排水设施。池塘应配备增氧设备，每 667 米^2 配套增氧机的功率为 0.75～1.5 千瓦，建议增配盘式底增氧设施，每 667 米^2 配置功率为 0.1～0.15 千瓦。

2. 清塘消毒

池塘清淤修整完毕后，进行曝晒。在放苗前 20～30 天，一般用生石灰进行全池泼洒消毒，每 667 米^2 用量为 200～250 千克；或用漂白粉消毒，用量为 15～20 毫克/升，以清除池塘内的敌害生物、致病生物及携带病原的中间宿主。

3. 培育基础饵料

放苗前 1 周，用 80 目①尼龙筛绢网过滤进水 80～100 厘米，施肥培肥水质，使水体透明度在 30～40 厘米，水色呈茶褐色或黄绿色。一般使用尿素、过磷酸钙等化肥或复合肥和发酵鸡粪等有机肥。新塘施有机肥并结合使用无机肥，老塘可施无机肥。有机肥应经过堆放发酵后使用，用量为 100～200 毫克/升，氮磷无机肥比例（5～10）：1，首次氮肥用量为 2～4 毫克/升，以后 2～3 天再施 1 次，用量减半，并逐渐添加水。施肥原则：平衡施肥，提倡施用有机肥；控制施肥总量，水中硝酸盐含量控制在 40 毫克/升以下，透明度为 30～40 厘米；有机肥须经熟化、无害化处理；不得使用未经国家或省级农业部门登记的化学或生物肥料。

---

① 筛网有多种形式、多种材料和多种形状的网眼。网目是正方形网眼筛网规格的度量，一般是每 2.54 厘米中有多少个网眼，名称有目（英国）、号（美国）等，且各国标准也不一，为非法定计量单位。孔径大小与网材有关，不同材料的筛网，相同目数网眼孔径大小有差别。——编者注

（二）苗种放养

1. 虾苗放养

（1）**虾苗选择**　选择活力强、体质壮、不带病，胃部和肠道饱满的健康虾苗为佳。同时要求将虾苗淡化到盐度为 3 以下、规格为 1 厘米左右。建议从良种场或规模化繁育基地购苗，以便有可靠的质量和充足的数量。

（2）**试苗**　先将养殖池水放入试苗盆中，再将选定的淡化苗放入其中，经过 12 小时以上的观察，若未出现死苗现象则可放苗；若出现死苗现象则应查找原因。

（3）**放养时间**　虾苗的放养一般在 5 月上旬至 6 月上旬进行。选择水温在 18℃以上的晴天上午或是傍晚，在池塘的上风口，将苗袋放入池塘中，待苗袋中的水与池水水温基本一致后，再将虾苗缓缓放入池塘中。放养时温差不宜超过 2℃。

（4）**放养密度**　宜根据主养品种确定放养密度。目前虾、鳖、鱼混养主要有三种类型：①鳖主虾、鱼辅型。中华鳖的放养密度一般为每 667 米^{2}400～800 只，南美白对虾苗每 667 米^{2}3 万～5 万尾，搭养鲢、鳙各 30～50 尾。②虾、鳖并重型。中华鳖的放养密度一般为每 667 米^{2}100～300 只，南美白对虾苗每 667 米^{2}4 万～7 万尾，搭养鲢、鳙各 30～50 尾。③虾主鳖辅型。中华鳖的放养密度一般为每 667 米^{2}50～100 只，南美白对虾苗 6 万～7 万尾，搭养鲢、鳙各 30～50 尾，鲫或鲇 10～20 尾，或黄颡鱼 50～100 尾。

2. 鳖种放养

（1）**苗种质量**　宜放养中华鳖日本品系品种或本地品种，规格一般要求在 250 克以上，要求体质健壮、行动活泼、无病害。

（2）**放养时间**　混养的中华鳖一般在 5 月下旬至 6 月上旬，待水温稳定在 25℃以上时放养为宜。放养前必须用食盐或高锰酸钾等浸浴消毒。

3. 鱼类及其他生物的放养

搭养少量吃食性鱼类和滤食性鱼类，规格一般要求在 50 克以上。吃食性鱼类放养应在南美白对虾长到 3 厘米以上时或者虾苗放养时间超过 30 天后，再行放养；滤食性鱼类的放养时间没有严格要求。另外，为了补充中华鳖的生物饵料，在放养前池内有意识地投放一定量的鲜活螺蛳，每 667 米² 投放量为 100～150 千克，任其繁殖生长，以供中华鳖的摄食。

(三) 饲养管理

1. 科学投饵

根据养殖类型的不同，饵料投喂需视具体情况进行相应调整。

(1) **鳖主虾、鱼辅型** 管理前期以南美白对虾为主，后期以养中华鳖为主体。虾苗下塘后选用 0 号虾料投喂，每天分早、中、晚投饵；在幼虾期投喂幼虾配合饲料。中华鳖在放养后第 2 天即可投喂中华鳖人工配合饲料，同时停止投喂虾料。生长旺期每天投喂 2 次，平时投饵 1 次。日投饲量控制在存池鳖重量的 4%～8%，投饲量根据天气、水质、中华鳖的生长等情况灵活掌握。

(2) **虾、鳖并重型** 管理以中华鳖、对虾两者并重兼顾。虾苗下塘后，前期投喂同上。中期改用南美白对虾 2 号料，后期投喂南美白对虾 2 号料和 3 号料，确保虾类整个生长周期中对营养的不同需求，每天早、中、晚投饲 3 次，晚上投喂量占全天投喂量的 60%～70%，同时根据天气、水质、虾的生长蜕壳等情况适时调整。中华鳖在放养后第 2 天即可投喂配合饲料，每天投喂 2 次，先投中华鳖配合饲料，1 小时后再投喂虾饲料，让中华鳖尽量在较为安静环境下摄食。

(3) **虾主鳖辅型** 南美白对虾投喂与虾、鳖并重型养殖模式一样。中华鳖在放养后第 2 天即可投喂配合饲料，每天投喂 2 次，半个月后逐步减少，1 个月后完全停止投喂中华鳖配合饲料，到对虾起捕后改投喂新鲜小杂鱼、动物内脏等，投喂量以 2～3 小时吃完为宜。

2. 水质管理

(1) **定期换水和增氧** 养成前期，每天添加水 3～5 厘米，直到水位达 1 米以上，保持水位。养成中后期，虾池每隔 10～15 天加换新水，每次换水 1/5～1/4，抽取底层水。6—8 月，每 10 天换水一次，每次换水量不超过 20%。换水时，保持水位相对稳定，同时使池水水质符合养殖要求。一般要求 pH 在 7～9，溶氧量在 4 毫克/升以上，氨氮 0.5 毫克/升以下，亚硝基氮 0.02 毫克/升以下。肉眼观察水体透明度在 30～40 厘米，水色黄禄色或黄褐色，呈"肥、活、嫩、爽"。由于虾鳖鱼采取生态立体养殖，密度较高，且饲料投喂强度大，水质容易恶化，尤其到了 7—8 月，容易缺氧浮头。尽管浮头未导致南美白对虾死伤，但可致使中华鳖摄食南美白对虾量大增，其损失会超过"专养塘"。因此，在养殖过程中需及时开启增氧机，忌防缺氧浮头。

(2) **化学调节**　每隔半月，全池泼洒生石灰 15 毫克/升，调节池水 pH，增加蜕壳所需钙质，与 1～1.5 毫克/升漂白粉或 0.3～0.4 毫克/升二氧化氯交替使用，以消毒水体。同时，根据水质情况不定期使用沸石粉等底质改良剂。

(3) **生物调节**　根据池塘水质和养殖对象生长情况，不定期泼洒光合细菌、有效微生物群等有益微生物制剂改善水质，用法及用量参照使用说明。

(四) 捕捞上市

鳖主虾、鱼辅型到 10 月中下旬，中华鳖活动能力减弱后用地笼起捕。虾、鳖并重型到 9 月开始陆续起捕，即用拉网或地笼起捕虾类，陆续捕到的中华鳖需转到另塘作专池暂养，或可一直持续到春节前后甚至跨过年度捕捉等。虾主鳖辅型是根据南美白对虾生长情况及时收捕，一般用拖网，最后干塘徒手捕捞完毕，大都能达上市的大规格商品标准。捕捞需要注意以下三点：①南美白对虾达到商品规格后要及时分批分期捕捞，捕大留小；当寒潮侵袭时，气温温差在 8 ℃以上时，不能捕虾；当水质突然变坏或是虾出现不正常现象时，要尽快提早捕虾。②采用地笼捕虾时，应将地笼入口处用直径为 6 毫米的钢筋做成 8～10 厘米的箍与地笼网连接进行阻隔，或者在地笼入口处用网目为 6～8 厘米聚乙烯网阻隔，防止中华鳖爬入地笼。用牵网捕虾时，则可先用网目大于 5 厘米的牵网捕鳖，再用牵网捕虾。③因南美白对虾不耐低温，水温下降至 16 ℃前应将虾全部捕捞完毕。

由于中华鳖、南美白对虾和鱼类的活动，增加了水体活力，改善了水环境条件，改变了浮游植物种群组成，因而创造了南美白对虾生长的适宜环境条件。此外，混养的中华鳖可捕食病虾，阻断疾病的传播途径，使健康虾减少了感染疾病的机会，从而增加池塘的单位产出，提高池塘养殖经济效益。

三、稻田养鳖模式

稻田养鳖模式是指利用生态学原理，将中华鳖养殖和水稻种植有机结合在一起，实现养殖、种植相互促进，综合效益大幅提升的一种生态综合种养模式。该模式既提高了经济效益，又确保了粮食种植面积的稳定，解决了"粮食怎么办"的后顾之忧，起到了稳粮增收的作用，有效地促进了社会稳定与安全。

(一) 稻田选择

养鳖的稻田应选择在环境比较安静，地面开阔、地势平坦、避风向阳、且远离噪声大的公路、铁路、厂矿的稻田。稻田紧靠水源、水质优良、排灌方便；稻田的底质为壤土，田底肥而不淤，田埂坚固结实不漏水（图 3 - 1）。

(二) 稻田改造

中华鳖苗种放养前，需要对稻田进行改造，主要改造内容包括：开挖鳖沟，加高、加宽田埂和完善进、排水系统等。

1. 鳖沟（坑）建设

一般鳖沟（坑）开挖宜选在冬末春初，最好配合农田水利冬修进行。在稻田安静的一角或中间开挖"口"字形、"十"字形或"工"字形供中华鳖活动和觅食用的鳖沟（坑），也可沿稻田田埂内侧四周开挖环行鳖沟（图3-2）。鳖沟宽度1.5～2.5米，深度0.5～0.8米，长度根据稻田面积确定，整块稻田中的开沟面积约占总面积的10%。为了便于机械化作业，应留好机械作业通道。

图3-1　养鳖稻田

图3-2　稻田鳖沟

2. 田埂加固

利用挖环沟的泥土加宽、加高、加固田埂。田埂加高、加宽时，将泥土打紧夯实，确保堤埂不裂、不垮、不漏水，以增强田埂的保水和防逃能力。改造后的田埂，高度高出稻田平面 0.5 米以上，埂面宽 1.5 米，池堤坡度比为 1：（1.5～2.0）。加宽加高加固田埂要求在晴天进行施工，不宜在雨天施工，以免影响田埂坚固性。

3. 进、排水系统建设

结合开挖环沟综合考虑，进水口和排水口成对角设置。进水口建在田埂上；排水口建在沟渠最低处，由聚氯乙烯（PVC）弯管控制水位，能排干所有的水。与此同时，进、排水口设有钢筋栅栏，以防养殖水产动物逃逸。

4. 防逃设施建设

中华鳖具有群聚攀爬的习性，因此防逃设施的建设至关重要。防逃墙可用内壁光滑、坚固耐用的砖块、水泥板、塑料板、石棉瓦等材料建造。具体设置方法为：将水泥板、塑料板或石棉瓦埋入田埂泥土中 20～30 厘米，露出地面高 50～60 厘米，然后每隔 80～100 厘米处用一木桩固定。稻田四角转弯处的防逃墙做成弧形，以防止中华鳖沿夹角攀爬外逃。如采用砖块堆砌，顶部加 10～15 厘米的防逃反边。

5. 食台设置

在向阳沟坡处搭设鳖专用食台，采用水泥板、木板、竹板或聚乙烯板等搭建，或漂浮固定于水面，或设成斜坡固定于池边水面，使其一端倾斜淹没于水中，另一端露出水面。为防止夏季日光曝晒，在中华鳖专用食台上搭设遮阳篷。

（三）水稻的栽培

1. 品种选择

水稻品种的选择应遵循以下几个原则：①抗倒伏，茎秆粗壮、韧性好，根系发达。②高产，抗病虫能力强。③口感好，品质优，根据当地市民的偏好选择品种。④根据稻鱼共生的类型和当地的条件因地制宜地选择品种。4 月底、5 月初种植的水稻，宜选择植株矮、分蘖力强、穗形大、抗条纹叶枯病的品种；6 月及以后种植的水稻，一般推广的品种都可以使用；10 月前收割的水稻，应选择感温性强的品种；10 月底及以后收割的水稻，应选择感光性强的品种。长江中下游地区，适宜的水稻品种主要有：Y 两优 293 号、新两优 6 号、中浙优 8 号、秀水 555、甬优 12 号、甬优 15 号、嘉优 5 号、嘉禾优 555 等。华南地区适宜的水稻品种主要有：天优 998、天优 122 等。西南地区适宜的水稻品种主要有：宜香优 2115、F 优 498、内 5 优 39 等。北方地区适宜的水稻品种主要有：龙粳系列、绥粳 10 号、通禾 836、宁粳 43 号等。

2. 育秧技术

为适应现代农业需要，本方法推荐使用水稻机插技术。水稻机插育秧技术要点如下。

(1) 床土准备　床土宜选择菜园土、熟化的旱田土、稻田土或淤泥土，采用机械或半机械手段进行碎土、过筛、拌肥，形成酸碱度适宜（pH5~6）的营养土。培育 667 米^2 大田用秧需备足营养土 100 千克，集中堆闷。

(2) 种子及种子处理　水稻种子要求纯度达 98% 以上，纯净率 97% 以上，发芽率 90% 以上，含水量 14.5% 以下。种子必须进行脱芒处理，不能有草籽，浸种前曝晒 2~3 天。用相对密度为 1.13 的食盐水选种，然后用清水洗 2~3 次。浸种宜采用日浸夜露和浸种催芽同步方法浸种，浸种时间长短视气温而定，以种子吸足水分达透明状并可见腹白和胚为准，气温低时 2~3 天，气温高时 1~2 天。浸种要与种子消毒相结合，把选好的种子用 10% "施保克" 3 000~4 000 倍液浸种，种子、药液比为 1∶1.25，每天搅拌 1~2 次。机械播种的种子 "破胸露白" 即可，手工播种的芽长不超过 2 毫米。

(3) 苗床准备　选择排灌、运秧方便、便于管理的田块做秧田（或大棚苗床）。按照秧田与大田 1∶100 左右的比例备足秧田。苗床规格为畦面宽约 140 厘米，秧沟宽约 25 厘米、深约 15 厘米，四周沟宽约 30 厘米以上、深约 25 厘米。苗床板面达到 "实、平、光、直"。

(4) **播种**　根据当地气候条件、农事节点安排、水稻品种等条件确定合理的种植时间。根据适宜机插的秧龄，参照当地常规栽插时间倒推适宜播种期。以浙江地区为例，一般单季晚稻的播种时间为5月上旬至中旬，移栽时间为5月下旬至6月为宜，酌情调整。要坚持稀播种。发芽率在90%以上的种子，每盘播芽种0.12～0.14千克。根据水稻品种和质量酌情增减。用过筛无草籽的疏松沃土盖严种子，覆土厚度为0.8～1厘米。播种后在床面平铺地膜，保温保水，苗出齐后立即撤掉。大中棚盖膜后，膜上拉绳将膜压紧，四周用土培严拉好防风网带，设防风障。

(5) **秧苗管理**　立苗期保温保湿，快出芽，出齐苗。一般温度控制在30℃，超过35℃时，应揭膜降温。相对湿度保持在80%以上。遇到大雨，及时排水，避免苗床积水。一般在秧苗出土2厘米左右（一叶一心期），开始揭膜炼苗。揭膜原则：由部分揭至全部揭逐渐过渡，晴天傍晚揭，阴天上午揭，小雨雨前揭，大雨雨后揭。日平均气温低于12℃时，不宜揭膜。秧苗1.5～2.5叶期，逐步增加通风量，白天控制在20～25℃，超过25℃通风降温，严防高温烧苗和秧苗徒长。晚上低于12℃，盖膜护苗。秧苗2.5～3叶期，棚温控制在20℃以下，逐步做到昼揭夜盖。移栽前全揭膜，炼苗3～5天，遇到低温时，增加覆盖物，及时保温。

采用微喷设备，每个喷头辐射半径3米，需配备补水井、水泵等喷灌设施。秧苗2叶期前原则上不浇水，保持土壤湿润，当早晨叶尖无水珠时补水，床面有积水要及时晾床。秧苗2叶期后，床土干旱要在早或晚浇水，一次浇足浇透。揭膜后可适当增加浇水次数，但不能灌水上床。秧苗期根据病虫害发生情况，做好防治工作。同时，应经常拔除杂株和杂草，保证秧苗纯度。起秧前1天要浇水，水量适合，不能过大或过小，以第2天卷苗时不散，夹苗时苗片不堆为宜。即用手按下秧片不软又不硬最好，随起随插，不插隔夜秧。

适宜机械化插秧的秧苗应根系发达，苗高适宜，茎部粗壮，叶挺色绿，均匀整齐。参考标准为：叶龄3叶1心，苗高12～20厘米，茎基宽不小于2毫米，根数为12～15条/苗。

3. 栽插技术

采用宽窄行合理的种植密度，发挥水稻的边际效应，可以增加通风性，提高水稻产量。因此，尽管水稻穴数减少，但产量不减。同时，由于通风性能良好，水稻的病害减少，从而可以减少投入品的使用，降低成本。当秧苗 2.5～3.5 叶龄时，采用行距 30 厘米的插秧机机插（图 3-3）。对于田块不够平整、插秧机不容易下去的稻田则采用人工种植。要求合理稀插，5 月左右种植的水稻每 667 米²0.6 万～0.8 万丛；6 月前后种植的水稻每 667 米²1 万丛左右。采用水稻大垄双行栽插或宽窄行技术进行，株距 20～25 厘米，杂交稻每丛栽插 2～3 本，常规晚稻 3～5 本。杂交水稻分蘖强，疏插对产量影响不大。要求无论大苗、小苗，插秧都要做到浅、稳、直、匀，不丢穴，不缺苗。

图 3-3　机械插秧

(四) 中华鳖的放养

1. 沟坑消毒

在苗种投放前 10～15 天，每 667 米² 的沟（坑）用生石灰 100

千克带水进行消毒，以杀灭沟（坑）内敌害生物和致病菌，防止中华鳖的疾病发生。

2. 苗种选择

为了获得更高的经济效益，利用中华鳖不同品种的生长差异以及雌雄生长不同步的习性，建议选择全雄的中华鳖、中华鳖日本品系或其他选育良种。要求无病无伤，无畸形，体质健壮，翻身灵活。最好从中华鳖原（良）种场、规模化繁育基地引进。

3. 苗种放养

中华鳖放养时茬口可以选择水稻种植之前或之后。如水稻亲鳖种养模式一般在5月初采用手工插秧方式种植早熟晚粳水稻，5月中下旬放养亲鳖。水稻商品鳖种养模式一般在6月前后种植水稻，种植1个月后即7月中旬放养中华鳖。水稻稚鳖培育种养模式一般在6月下旬种植水稻，7月下旬放养当年培育的稚鳖。根据养殖水平和鳖种规格设计放养密度，推荐密度见表3-2。宜按不同性别和规格大小分类放养。一般选择晴天天气暖和的中午前后进行放养。放养时还应注意中华鳖苗种的来源，如是温室苗种，务必要注意温差。温差一般不能超过3℃，温差过大则会导致中华鳖感冒而发病甚至死亡。

表3-2 稻田养殖鳖种放养密度

个体质量（克）	150～250	250～350	350～500	500～750	＞750
每667米²放养量（只）	250～350	180～250	120～180	100～120	80～100

放养前应对鳖体进行消毒。常用体表消毒方法主要有以下三种，可任选一种：高锰酸钾溶液15～20毫克/升，浸浴15～20分钟；1％聚维酮碘溶液60～100毫克/升，浸浴15～20分钟；3％食盐水，浸浴10分钟。

（五）日常管理

1. 投饲

中华鳖为偏肉食性的杂食性动物，为保证中华鳖正常的生长营养需求，稻田养鳖一般需要投饲。中华鳖的饲料种类有：配合饲料，鳖用膨化饲料，螺、蚬、冰鲜杂鱼等动物性饲料。目前一些养殖户为了提高中华鳖的品质，往往投喂切碎的小鱼、小虾、新鲜鲢肉和动物内脏，日投喂量为鳖体总重的 5%～10%，每天投喂 1～2 次，一般 1.5 小时左右吃完。但因动物性饲料来源不稳定，且质量安全隐患较大，建议采用人工配合饲料进行投喂。配合饲料的日投饲量为鳖体总重的 1%～3%，采用"四定"原则进行投喂。水温 20～25℃时，每天 1 次，中午投饲；水温超过 25℃时，每天 2 次，分别为 09：00 和 16：00 投饲。投饲量以 1 小时内吃完为宜，具体视摄食情况、气候状况和生长等酌情增减。当水温降至 18℃以下时停止投喂。

2. 水位控制和水质管理

前期为了方便耕作及插秧，将稻田裸露出水面进行耕作，插秧时将水位提高 5～10 厘米。栽插后活棵返青期，控制水位防止淹没导致水稻死亡，一般晴天保持 3～5 厘米浅水层，阴天保持田间湿润，雨天及时排水。中华鳖放养前，水稻分蘖期灌浅水 3～5 厘米，自然落干后再灌浅水。中华鳖放养后，保持田面 5～10 厘米水层，并根据水质经常更换田水。当水稻茎蘖数达到预定穗数的 80%～90%时，开始搁田，田面干后 2～3 天灌水后继续搁田，反复 4～5 次。搁田期间鳖沟坑须保持满水。孕穗抽穗期保持水位 5～10 厘米，直到扬花结束。灌浆结实期采取间歇灌溉，田面灌浅水 3～5 厘米，自然落干后 2～3 天后再灌浅水，反复循环直到收获前 5～7 天停止灌水。高温季节，在不影响水稻生长的情况下，适当加深稻田水位。平时加注新水需注意温差不超过 3℃，以避免中华鳖感冒致病。

鳖沟坑的水体采取物理、化学、生物等方法适时调控水质，pH 保持 6.5～8.5。定期使用二氧化氯制剂 0.5～1 微克/升、漂白粉 2～3 微克/升、强氯精 1～2 微克/升或生石灰 15～40 微克/升对鳖沟坑进行消毒，施药 2～3 天后泼洒 5 微克/升左右的光合菌制剂，能起到调水作用，每个月进行 1～2 次即可。同时每 667 米^2

稻田放养鳙 60～100 尾、鲢 30～50 尾，发挥滤食性鱼类的生物调节水质作用。

3. 施肥技术

对于初次开展养鳖的稻田，需要施肥。肥料使用应符合《肥料合理使用准则　通则》（NY/T 496）的规定，禁止使用对中华鳖有害的肥料，推荐使用农家肥和生物有机肥：①施足基肥。大田耕整时，每 667 米^2 施用商品有机肥 500～750 千克，或者每 667 米^2 施复合肥 30～35 千克。②适当施用追肥。如为促进水稻分蘖，可根据水稻的生长情况在栽插后 7～10 天，每 667 米^2 施用复合肥 5～10 千克。根据苗情施穗肥，一般于倒 4 叶露尖时，每 667 米^2 施用复合肥 7.5～10 千克。有条件的地方，宜采用测土配方施肥技术进行。对于已多年养鳖的稻田，一般只需施足基肥即可。

4. 病虫害防控技术

（1）水稻的病虫害防控　稻田养鳖模式下，利用中华鳖的捕捉害虫和活动驱赶等习性，发挥生物防控水稻病害的作用，水稻的病害较少或基本不发病。但因放养的中华鳖的规格和数量、水稻的品种以及各地稻田周边环境的特性不尽相同，也需做好水稻病害防治工作。按照"预防为主，综合防治"的植保方针，坚持以"农业防治、物理防治、生物防治为主，化学防治为辅"的无害化治理原则。

草害防治：翻耕前清除大株和恶性杂草；栽插后 5～7 天，随第 1 次追肥，用 40％苄-丙草胺 WP 100～120 克拌肥施入；以后见杂草危害用人工拔除。

病虫害防治：水稻的主要病虫害有纹枯病、稻纵卷叶螟、褐稻虱、二化螟和大螟。除中华鳖捕食害虫外，一般配套使用诱虫灯技术进行防治。因昆虫具有趋光性，灯光诱虫就是利用生物的趋光性诱集并消灭害虫，不仅起到防治虫害和虫媒病害的作用，诱捕到的害虫还可作为中华鳖的饵料。太阳能杀虫灯由太阳能供电系统提供能源，白天太阳能电池对蓄电池充电，天黑蓄电池对杀虫灯供电，是节能、环保的新能源杀虫灯（图

3-4）。太阳能杀虫灯一般有效距离在50米左右，电池板工作寿命20年以上，工作期间无需支付电费。此外，在当地发生虫情时，及时加高水位，通过中华鳖的捕捉和活动驱赶，也会减少病害的发生。

鸟害防治：鸟害是造成水稻减产的主要因素之一，特别是麻雀等杂食性鸟类对水稻的危害更大。驱鸟的方法较多，但应综合利用，避免驱鸟方法固定化，以避免鸟类对环境产生适应。采用在稻田中放置假人、假鹰，可短期内防止害鸟入侵。因鸟类对红色敏感，也可在稻田中用竹竿扎起红色塑料袋、红色布条和红绳，红绳随风飘动，以驱除鸟类。也可进行人工驱鸟，一般鸟类在清晨、中午、黄昏三个时段对稻穗危害较严重，在每个时段一般需驱赶3～5次。目前最为有效的方法是在整个水稻田上方布网，防止鸟类捕食稻谷以及稚鳖。

图3-4　太阳能诱虫灯

（2）**中华鳖的病害防控**　鳖稻共作模式下中华鳖基本不发病，但也应坚持"预防为主，积极治疗，防重于治"的原则：①保持良好的养殖环境，稻田投放适量的螺、蚬等，定期换水。②做好鱼沟消毒：每个月1次，用含有效氯30%的漂白粉1毫克/升或用30～40毫克/升生石灰兑水化浆施入鱼沟，两者交替使用。③提倡生态防病，建议使用生物渔药、中草药，少用抗生素、抗生素。如发生鳖病，应确切诊断后对症下药，药物使用按《无公害食品　渔用药物使用准则》（NY 5071）的规定执行。

5. 日常管理

坚持每天早、中、晚巡田检查，检查防逃设施、观察摄食情况，以此调整投饲量；观察鳖的活动情况，如有异常及时处理；勤除敌害、污物；做好巡田日志和投饲记录等，建立生产档案。

（六）产品收获上市

稻谷成熟度达到 85％～90％时（85％～90％谷粒黄化）即可收割，以浙江单季晚稻为例，一般在 10 月下旬至 11 月收割。过早收割，会造成未充分成熟的稻谷青粒较多，而且会降低粒重，影响品质和产量。有条件的农户尽量使用收割机，采用机器收割省时省力，效率高。收割机在割稻的同时还进行了脱粒、切秆，稻谷破损率低。刚脱粒后的稻谷含水量较高，若不及时晾晒容易生芽、发霉。一般采用竹席或三合土晒场多日间歇晒干或用烘干机风干，以降低碎米率，提高整精米率。稻谷含水量在 13％以下即可安全储藏、加工。经碾米机碾制成大米后根据市场需要包装上市。稻米因其品质优，市场价格高，故整体经济效益好。中华鳖则根据市场行情及时抓捕，若在越冬前还未捕完，鳖沟（坑）需加满水以保证中华鳖安全越冬。

四、两段法养殖模式

中华鳖两段法养殖模式是指通过稚幼鳖阶段在温室培育，并在室外土塘养成商品鳖并提升品质的一种模式。该模式十分适合国家水产新品种中华鳖日本品系的养殖。一般情况下，稚鳖通过 9～10 个月的温室养殖，每只规格可达到 400 克以上；翌年 5—6 月时转移到外塘养殖，至翌年年底平均养成规格在 750 克以上，即可上市销售，或者继续养殖，生产出更大规格的商品鳖。该模式可以大幅缩短养成周期，且商品鳖品质优良，经济效益高。本养殖模式经历温室和外塘两个养殖阶段，各阶段在实际生产上和温室鳖或外塘鳖养殖管理基本相同，翻塘过程是该技术模式的重点，关系到鳖的成活率，在此做重点介绍。

（一）温室培育管理

1. 鳖池的清整消毒

经过上一年养殖的温室鳖池已富集了各种致病菌及残饵、粪便等有机残留物，因此清理消毒鳖池极为重要。应对鳖池反复冲洗和消毒，使用前 10 天进水 10 厘米左右，用超能活性碘或解毒碧水安泼洒，以杀灭病菌。

2. 苗种选择与合理放养

稚鳖应选择健康、无伤无病、种质优良的品种，规格整齐，要求每只 5 克以上，且活力强、反应快。放养前必须先体表消毒，简易方法是将鳖苗放入塑料脸盆中，用 1.5％～2％的食盐水浸泡 7～8 分钟，浸泡水以没过鳖苗背为宜。温室养殖阶段中华鳖的养殖密度不可过高，一般放养密度为中华鳖日本品系稚鳖 20～30 只/米^2，水温控制在 30～32 ℃。

3. 投饲管理

中华鳖放苗后应及时开食，可用稚鳖饲料。第 1 次开食饲料中最好添加 10％～15％鲜活水蚤（红虫）或鸡蛋黄，并驯化让其到食台摄食。饲料投喂要坚持"四定"：①定时。09：00、16：00 各投喂 1 次，使鳖养成按时进食的习惯。②定量。根据每天的吃食情况和水质变化，一般日投量按鳖体重的 3％～5％投喂，一般水下投喂应控制在 30 分钟内吃完，水上投喂一般掌握在 1.5～2.0 小时内吃完。③定位。将配合饲料作成细长条状，贴在食台上。④定质。投喂全价配合饲料，并辅以鲜活饵料，防止投喂腐败变质的饲料。养殖生产中，在配合饲料中可添加 10％左右的中华鳖专用中药饲料添加剂，以帮助消化、降低饲料系数与增强中华鳖的抗病能力。

4. 水质管理

温室阶段中华鳖养殖密度高，产生的代谢物多，容易败坏水质，从而诱发各类疾病，因此水质管理至关重要。前期水质要肥，保持水色呈褐色或黄褐色，后期随着投料量的增加要注意控制水体中氨氮、亚硝酸盐、硫化物等有害物质的含量。定期泼洒二氧化氯等氯制剂，杀灭病原，同时起到改善水质的作用。待药力消失后，可施用一些活性酵素或光合细菌，增加池内的生物净化功能。根据池水的老化程度，定期换一部分新水，加注新水时需要注意温差不超过 3 ℃。投苗 1 个月内水位一般控制在 25～30 厘米，1 个月后增加到 50～70 厘米，到温室养殖后期时水位控制在 70～100 厘米。适宜的 pH 为 7.5～8.5，溶氧量大于 3 毫克/升，氨氮浓度小于 10 毫克/升，亚硝酸盐在 0.025 毫克/千克以下。

5. 日常管理

根据天气情况，每天中午开启通风孔，以利于通风换气，使有害气体逸出，为室内增加新鲜空气。每天清洗食台，防止鳖误食变质残渣。池内可加增氧设置，增氧并加速池内水流动，改善水质。

（二）茬口衔接技术

1. 温室出池准备

为提高温室鳖对外塘环境的适应性，应在出棚前 7～10 天提前通风、降温、减料，暗棚温室应提前 5～7 天增加棚内光线，至出棚时棚内水温降至 27～28 ℃，最好与外塘表层水温基本持平，出棚前最好停饲 1～2 天。出棚时尽可能带水捉鳖，以免干池对鳖体造成机械损伤及出现应激反应。

2. 外塘准备

池塘大小以 0.2～0.27 公顷为宜，四周设防逃设施，放养前 20～30 天对养殖塘清淤，并用漂白粉消毒，7 天后用 80 目筛绢网过滤进水 60～80 厘米，适当施用鸡粪等有机肥育藻肥水，水质呈淡绿色为宜。

3. 出温室操作

中华鳖出温室的时间一般为 5 月下旬和 6 月上旬，外塘水温必须达 25～26 ℃，在 04：00—07：00 及 17：00 以后进行，避免在高温及阳光强烈条件下进行翻塘操作。一般规格在 250 克/只以下的中华鳖雌雄混在一起放入同一口池塘，250克/只以上的中华鳖须将雌雄分开，分别放入不同的池塘。

（三）外塘养殖技术

1. 苗种放养

温室鳖在放养前需用20克/米^{3}的高锰酸钾或聚维酮碘（含有效碘1‰）浸泡5分钟后装入塑料周转筐，防止挤伤压伤，然后将筐运到养殖池边，让其自然爬入池中，放养密度不宜过大，以每667米^{2}1 000～1 200只为宜。下池后1～2小时，全池用生石灰或强氯精泼洒消毒，而后隔3天消毒1次。

2. 饲料投喂

鳖苗下池后2～3天，根据池塘里中华鳖的活动情况，酌情进行诱食试验，首次投喂量控制在每667米^{2}500克以内，诱食成功后可在饲料中添加保肝健胃类产品（如"肝保宁"等）3～5天。投喂的饲料有鲜活饵料、混合饲料、粉状配合饲料和膨化配合饲料，按照定质、定量、定时、定点的"四定"原则进行投喂。一般水温为18～20℃时，2天1次；水温20～25℃时，每天1次；水温在25℃以上时，每天2次，分别为09:00前和16:00后。配合饲料日投喂量按池塘鳖重的1％～2.5％，鲜活饵料的日投饲量为鳖体重的5％～10％；投饲量的多少应根据气候状况和鳖的摄食强度进行调整，所投的量应控制在1小时内吃完。中秋节前每天喂2餐，中秋节后由于气温开始下降就转为每天喂1餐，10月后基本停止投喂。

3. 水质调控

外塘养殖水位一般控制在80～120厘米，管理的重点也是要调控好水质，注意控制水体中氨氮、亚硝酸盐、硫化物等有害物质的含量。一般采用定期泼洒生石灰或强氯精的方式，预防病害发生。中华鳖养殖塘水的透明度以20～30厘米为宜，正常良好的水色为黄绿色或茶褐色。为保障水质稳定，可套养滤食性鱼类，如每667米^{2}套养鲢50～100尾和鳙10～20尾。养殖过程中一般不需换水，只需不定期加注新水，维持水位在 80 厘米左右，至 10 月天气转冷，可加深水位至 1 米左右。

4. 外塘养殖阶段防病

中华鳖外塘养殖阶段的防病工作同前所述，一般需定期饲喂一些保肝提升体质类的中草药，定期做好消毒工作。

(四) 其他

加强巡塘管理，做好日常管理记录，做到每天巡塘不少于 3 次，晚上加强值班，防逃防偷。中华鳖的起捕一般于当年年底（10 月以后）中华鳖停食后进行，商品鳖均重可达 700 克以上。

五、其他养殖模式

(一) 围栏混养

围栏一般设置在避风朝阳、安静，远离交通干线、居民生活区和工业区的水域，土壤土质是黏土或壤土，水质呈弱碱性。面积一般为 1.33～2.67 公顷，网围的结构由墙网、石笼、支柱及防逃设施组成。墙网是网围的主体部分，用网目尺寸为 3 厘米的聚乙烯网片缝好后用绳子固定在桩上，网底部用石笼固定并压入泥中 20～30 厘米，网围高出水面 1～1.5 米，在网围外四周用蟹笼检查是否有中华鳖逃出，同时根据网围大小设置数量、面积不等的平台，每 0.2～0.33 公顷设置 6 个平台，每个平台面积为 2～3 米^2，用作食台和晒背台。在第一道网围外 2～3 米处做一道常规围网，并在两层网围之间设置地笼防止中华鳖外逃。5 月下旬以后每 667 米^2 投放体质健壮、无病无伤、规格整齐的 200 克/只以上的中华鳖苗种 100～200 只，500～1 000 克/尾的草鱼 25 千克，50 克/尾的异育银鲫 5 千克，150～250 克/尾的鲢 15 千克，250 克/尾的鳙 5 千克，50 克/尾的团头鲂 5 千克，苗种投放前均用 3% 的食盐水浸泡消毒 15 分钟或 20 毫克/升的高锰酸钾浸泡 20 分钟。遵循"四定"投喂原则，选择小杂鱼、蚌肉等动物性饵料或颗粒饲料进行投喂，日投喂量为在池总鳖重的 4％～10％。日常管理中，及时将食台上的残饵扫入水中，一方面防止饵料腐败，避免中华鳖摄食腐败饲料后发病。应经常对食台进行消毒，定期使用 5 毫克/升的漂白粉或 20 毫克/升的高锰酸钾溶液对水体进行消毒。每天巡塘检查，发现漏洞及时修补，观察中华鳖的摄食情况，发现中华鳖食量减少或不吃则为发病的先兆，应将行动迟缓的病鳖捕捉集中起来，观察症状后对症治疗。

（二）鳖、黄颡鱼生态混养

黄颡鱼为杂食性鱼类，在混养期间，无需单独投饵，它摄食鳖的残饵、池中浮游生物、小鱼、鱼卵等，可起到清野作用，既能净化水质，还能提高饵料利用率，同时还可增收鱼产量，达到增产增效的目的。一般于 3 月投放鱼种，每 667 米² 放养规格 50 尾/千克江黄颡鱼种 300 尾或每 667 米² 放养 2 厘米以上的夏花 600 尾，年底每 667 米² 可增收黄颡鱼 30 千克，每 667 米² 平均增效 600 元以上。

（三）鳖、鳜生态混养

该模式尤其适合于野杂鱼虾较多的鳖池。鳖、鳜进行混养不但两者不互相残杀，而且还具有互惠互利作用，即鳖的残饵被野杂鱼利用，而鳜捕食野杂鱼，减少生物耗氧，净化水质，促进鳖健康生长，达到鳖鱼兼收，提高鱼产品的品质、效益。一般每 667 米² 放养规格 50 尾/千克的鳜 20～30 尾，年底每 667 米² 可增收 15 千克左右鳜，每 667 米² 平均增效 600～800 元。

（四）鳖、青鱼生态混养

青鱼为中下层肉食鱼类，在混养期间，无需单独投喂，它摄食鳖的残饵、池中螺蛳、水生昆虫等，不但提高了饵料利用率，而且还可充分利用水体空间，增收青鱼。青鱼种投放于 4 月开始，每

667 米² 放 1 龄青鱼 25 尾（30 尾/千克），2 龄青鱼 20 尾（0.5 千克/尾），3 龄青鱼 5 尾（2 千克/尾），年底每 667 米² 增收青鱼 60 千克，每 667 米² 平均增效 500～600 元。

（五）鳖、鲌生态混养

鲌为中上层肉食性鱼类，鳖生活在池底和池塘四周，两者混养既可充分利用水体空间，增加鱼产量，又可利用鲌清除池中野杂鱼，减少饵料损失，达到降本增效。鲌种于 4 月投放，每 667 米² 投放 5～8 厘米鲌种 80～100 尾，年底每 667 米² 可增收鲌 60～70 千克，每 667 米² 平均增效 600～700 元。

（六）鳖、蟹生态混养

该模式以鳖养殖为主，适当搭配河蟹。在混养期间，无需单独投饵，河蟹摄食鳖的残饵、池中螺蛳，既提高了饵料利用率，调控水质，降低养殖业本身的污染，提高鳖的品质，又能增收蟹产量，增产增效。蟹种于 2 月放养，每 667 米² 投放规格 140～160 只/千克的长江蟹种 100 只左右，年底每 667 米² 可增收河蟹 15 千克左右，每 667 米² 平均增效 600 元以上。

第四章 中华鳖养殖实例和经营案例

第一节 浙江省杭州市余杭区池塘生态养殖模式

一、养殖实例基本信息

杭州市余杭区"本"牌中华鳖管理协会于2000年5月9日在浙江省杭州市临平镇注册成立。该协会作为中华鳖池塘生态养殖的倡导和推动者,下辖会员生产基地132个。2012年"本"牌中华鳖协会的养殖面积保持在733.33公顷左右(图4-1),年放苗量为3100万只,"本"牌基地总产量5100吨,销售额2.9亿元,利润3200万元。该协会已在杭州和余杭开设24家"本"牌中华鳖专卖店。

图4-1 "本"牌中华鳖管理协会的中华鳖生态养殖池塘

二、放养与收获情况

1. 养殖场地

环境安静，背风向阳，光照充足。水源充足，水质符合国家《渔业水质标准》（GB11607）。

2. 养殖池要求

鳖池分设进、排水系统，进、排水口对角建造。鳖池的类型和规格见表4-1。

表4-1 鳖池的类型和规格

鳖池类型		面积（米²）	形状	池深（米）	水深（米）	池堤坡度	池底泥沙厚度（厘米）	池边与防逃墙距离（米）
稚、幼 鳖池	水泥池	25~50	东西走向长方形	0.8~1.0	0.5~0.7	90°	10	—
	土池	500~1 500		1.2~1.5	0.8~1.2	30°	5~10	0.5~1.0
成鳖池	土池	1 500~5 000		2.0~2.5	1.5~2.0	30°	10~15	2.0~3.0

在土池四周堤埂中心线上用厚为0.5~1毫米、高为70厘米的铝合金板作围栏，下端插入堤埂土中30厘米，然后每隔2~3米用竹、木桩固定。进、排水口设置金属防逃网。用木板等材料在池中间搭建晒背台，每个晒背台面积可依搭建材料灵活掌握，每667米² 土池晒背台总面积应不少于60米²。

食台采用优质波纹水泥瓦，搭设于池向阳一侧的近岸处，一边淹没在水下10~15厘米，每150只鳖设1块食台。

水泥池搭建采光塑料大棚，使温棚既能采光又可保温。池内铺10厘米厚的细沙，靠过道边设15厘米高的挡沙墙和食台。

3. 鳖种质量要求

苗种应选择中华鳖日本品系、当地优良地理群体以及杂交子代。规格要求出壳3.5克以上，活动能力强，体形丰润、有光泽。

4. 稚鳖培育

（1）**鳖池消毒** 水泥鳖池用先水冲洗，再用浓度为150~200

102

毫克/升的生石灰或 10 毫克/升的漂白粉泼洒消毒，新建的水泥池在消毒前，还必须用清水浸泡 15～20 天，浸泡期间换水、刷洗1～2 次。可用干法清塘或带水清塘。

干法清塘：放干池水，清除过多淤泥，曝晒 3～5 天，在池角挖坑，按 100 克/米² 生石灰，兑少量水化成浆全池泼洒，之后用铁耙耙 1 遍，隔日注水至 0.8～1.2 米，5 天后即可放鳖。

带水清塘：水深 1 米，按 200 克/米² 生石灰，在池边溶化成石灰浆，均匀泼洒；或用含有效氯 30％的漂白粉按 20 克/米² 加水溶解后，立即全池泼洒，5 天后即可放鳖。

（2）**鳖池肥水**　土池经消毒处理后，灌水至 50～70 厘米，每 667 米² 水面放绿肥 200～300 千克于池水中堆沤培水，1 周后捞取不易腐烂的根茎残枝。经培水后，水色呈嫩绿色或茶褐色。水泥池一般另以专用土池培水，使用时将池水灌入水泥池。

（3）**稚鳖放养**　稚鳖可自繁，但多数为购鳖卵自行孵化，应尽可能购 5—6 月产的鳖卵，使孵出的稚鳖当年自然生长期能达到 3 个月以上。将刚出壳的同批稚鳖先收集到塑料盆内暂养，待体表浆膜、脐带自然脱落后（一般需 24～48 小时），用 15～20 毫克/升的高锰酸钾溶液浸浴 15～20 分钟或 1.5％浓度食盐水浸浴 10 分钟。将经消毒处理的稚鳖连盆移至鳖池中，缓缓将盆倾斜，让鳖自行爬出。放养时间宜选择在晴天上午。

（4）**放养密度**　稚鳖放养应一次放足，放养密度为水泥池30～50 只/米²，土池 2～3 只/米²。每池放养的稚鳖尽可能为同批孵出的稚鳖。

（5）**饲料投喂**　稚鳖需投喂的饲料包括经漂洗、消毒的鲜活水蚯蚓；新鲜无污染的动物肝脏；稚鳖配合饲料；鲜嫩干净的蔬菜叶；食用花生油。日投饲量（干重）为稚鳖总重量的 3％～5％，并根据天气变化和摄食情况适当增减，每次投饲以 2 小时内能吃完为宜。

下池后第 1 周投喂水蚯蚓，或配合饲料加动物肝脏。第 2 周起投喂稚鳖配合饲料 60％，加动物肝脏 35％、蔬菜类 5％。并逐步减少肝脏，增加配合饲料和蔬菜类。经 20 天培育后，投喂稚鳖配合饲料 90%～92%、蔬菜类 8%～10%，另加入投饲量 1% 的花生油。

投喂的饲料要搅拌混合均匀，制成稚鳖适口的软颗粒，均匀地撒在食台上离水面 2～3 厘米处。每天投喂 2 次，06：00—08：00、16：00—18：00 各 1 次。

（6）**鳖池水质管理**　土池稚鳖培育应注意观察鳖池水质变化情况，每 15～20 天定期泼洒生石灰水 1 次，用量为每 667 米^{2}15～25 千克。水泥池池水的透明度低于 20 厘米时，应及时加换新水（与原池水温不能瞬间相差±2℃），换水量为原池水的 1/5～1/3。当 pH 低于 7 时，用浓度为 25 克/米^3 的生石灰浆泼洒调节，水池中水蚤数量较多、水色发红时，应及时捞出水蚤，同时通过曝气增氧和施用底质改良和水质优化的微生态制剂，抑制有害菌的繁殖，保持鳖池水质的相对稳定。

（7）**分养**　水泥池培育的稚鳖一般在翌年的 6 月上旬，当外界自然水温达到 25℃以上时进行。根据规格大小进行分档养殖，大规格的稚鳖可直接分养到土池中，分养密度为每 3～5 只/米^2；规格小于 100 克的稚鳖可在水泥中继续培育，养殖密度降到 15～20 只/米^2。分养前应停食 1 餐，分养全过程应带水操作，并做好鳖体消毒。土池培育的稚鳖不分养，一般原池进入幼鳖和成鳖养殖。

（8）**巡塘**　每天投喂前进行巡塘，检查鳖池整体环境的变化情况、鳖吃食和晒背等活动情况及设施完好情况等，并及时做好巡塘日志记录。日志内容包括：天气、水温、气温、投饲量及次数、吃食时间、鳖病预防、鳖晒背时间、换水时间及加水和换水量等。每月将日志记录情况进行一次总结分析，及时调整管理措施。

5. 幼鳖培育

分养到土池的幼鳖一般规格在 150 克以上，可投幼鳖饲料，每天投喂 3 次，06：00、14：00、21：00 各 1 次；土池原池培育的幼鳖在翌年水温上升到 18℃以上时，应及时诱投饲料，尽可能提早幼鳖的开食时间。其余水质管理和巡塘与稚鳖培育相同。

6. 成鳖饲养

成鳖养殖方式常用的有鱼、鳖混养和虾、鳖混养两种。

（1）鱼、鳖混养　以鳖为主，每 667 米^2 放养规格为幼鳖 500～1 000 只，同时，套养规格为 100～200 克的鲢、鳙 200～300 尾，5～8 厘米的黄颡鱼 150～200 尾或 50 克/尾的鲫 200～300 尾；以鱼为主，每 667 米^2 放养规格为 200～250 克的幼鳖 300 只。

（2）虾、鳖混养　以鳖为主，每 667 米^2 可混养南美白对虾 1 万～2 万尾或青虾 3 万尾；以主养南美白对虾或青虾为主，每 667 米^2 可混养规格为 200～250 克的幼鳖 50～100 只。

（3）成鳖养殖管理　投喂成鳖饲料，日投饲量（干重）为鳖总重量的 1%～1.5%，每周适量添加鲜活饲料 1 餐，日投喂 3 次，投喂时间与幼鳖相同。夏季每 10～15 天加换 1 次新水，换水量为原池水的 1/5～1/3，换水时间在 10：00 进行，确保池水的透明度不低于 35 厘米，pH 不低于 7。其余管理与稚幼鳖相同。

7. 疾病防治

稚、幼鳖培育阶段，危害性较大的疾病有穿孔病、白点病；成鳖饲养阶段，危害性较大的疾病包括细菌性肠炎、红底板病和白底板病及因性成熟而引发的雌鳖死亡症等。在养殖过程中，应通过积极的综合预防措施，有效地控制病症的发生：①加强水质管理。通过增氧、换水、种植凤眼莲等漂浮性水生物、适量放养滤食性鱼类、使用有益微生态制剂和生石灰等手段，确保鳖有良好的生长环境。②加强巡塘。一旦发现病鳖，要及时隔离饲养和治疗。③强化投饲管理，尽量避免频繁地转换投喂的配合饲料，增强开春后和越冬前饲料的营养，每 10～15 天根据鳖的生长情况及时调整 1 次投饲量，有条件时，适量增加鲜活动物性饲料的投喂比例。④分池饲养。在放养幼鳖时，尽可能做到雌、雄鳖分池饲养。

8. 捕捞与销售

（1）捕捉方法　根据市场需求灵活掌握捕捉方法。少量上市时可用地笼捕捉，把规格符合需要的鳖取出。其余的鳖及时放回池中继续饲养。清底捕捞时把水放干后。翻挖捉鳖，来回几次可全部捕捞上市。一般在气温 15 ℃以下，鳖已停止进食时进行。

（2）**暂养储存** 由于鳖的捕捞较集中，如一次不能销完，需进行暂养待售。活鳖可在洁净、无毒、无异味的水泥池、水族箱等水体中充氧暂养。储运过程中应轻放轻运，避免挤压与碰撞，并不得脱水。

（3）**包装运输** 采用小布袋、竹筐、木桶、塑料箱等。包装容器应坚固、洁净、无毒、无异味。运输宜用冷藏运输车或其他有降温装置的运输设备。运输工具在装运活鳖前应清洗、消毒，严防运输污染。运输途中，应有专人管理，随时检查运输包装情况，观察和水草（垫充物）的湿润程度。一般每隔数小时应淋水 1 次，以保持鳖皮肤湿润。

三、经济效益分析

采用 3 年为 1 个周期全生态养殖模式，每 667 米² 放稚鳖 3 000～4 000 只，套养鲢夏花鱼苗 1 500 尾、鳙夏花鱼苗 1 500 尾、黄颡鱼鱼苗 1 000 尾，当年培养冬片鱼种。翌年春进行鳖种分养，每 667 米² 放鳖种 1 500～1 800 只，套养鲢冬片鱼种 40 尾、鳙冬片鱼种 20 尾，当年鳖种越冬后起捕鲢、鳙商品鱼。第 3 年春每 667 米² 再套养鲢冬片鱼种 40 尾、鳙冬片鱼种 20 尾、黄颡鱼鱼苗 150 尾，年底与中华鳖一起起捕。在不增加投饲等情况下，每季鲢、鳙每 667 米² 可增加利润 300 元，黄颡鱼利润 650 元。同时，在采用该模式养殖后，池塘环境有了相当大的改善，病害等明显减少，在整个养殖期间无重大病害发生，商品鳖平均每 667 米² 达到了 900 千克。

四、经验和心得

充分利用水体空间，达到挖掘鱼池生产潜力，以提高池塘养鱼的综合经济效益；改善水体溶解氧，优化生活环境；增加了池塘生态系统的食物链组成，减少了能量损失，维持了池塘生态平衡。

减少疾病，提高成活率，鳖的活动迟缓，鱼的游动能力相对较强，所以正常情况下鳖难以摄食活鱼。但如果鱼类因病害导致行动迟缓或死亡，就会被鳖摄食，从而起到了防止病原传播的作用，大大减少鱼、鳖病害的发生，提高了养殖成活率。

中华鳖池塘生态养殖模式摒弃了传统的控温养殖技术，恢复了中华鳖晒背、冬眠的自然习性，2龄中华鳖冬眠180天以上，3龄中华鳖冬眠360天以上，生产的中华鳖具有青背白肚、体色润泽、趾爪尖利、野劲十足、胶质丰富、清香鲜美等特点，保持了野生鳖的风味。

五、上市和营销

针对余杭区"本"牌中华鳖发展现状，结合行业协会的管理特点，"本"牌协会自成立起就提出了"五统一"（统一品牌、统一技术、统一标准、统一包装、统一销售）的管理模式，以保障产品质量为前提，整合生产优势，将一家一户的分散养殖纳入集约化管理，共同参与市场竞争。该协会不断完善与深化生态养鳖技术，依靠科技进步来带动产业的发展，增强产业竞争力。2001年，由该协会承担的浙江省重点科研项目——中华鳖仿生养殖技术研究通过省级鉴定。协会制定的《"本"牌中华鳖生产标准》已上升为浙江省级地方标准。2001年，该协会在开展标准化生产上的突出成绩获得了国家质量监督、检验、检疫总局的高度评价，并将该协会下属养殖基地列为"国家级万亩'本'牌中华鳖标准化示范区"。目前，该区已成为全国最大的中华鳖养殖基地，养殖面积达980余公顷；余杭区中华鳖产值3.78亿元，占该区渔业总产值的44.7%。

第二节 浙江省余姚市虾、鳖、鱼混养模式

一、养殖实例基本信息

余姚市冷江鳖业有限公司创建于1996年。该公司是一家以中华鳖养殖销售为主，河蟹、青虾、鱼类养殖配套的农业龙头企业，经过10余年的经营、实践、积累，到目前已有苗种培育基地6.67公顷，商品生产基地133.33公顷，具有从孵化到养成的一流中华鳖繁育、养殖设施，年产优质中华鳖40余万只，产品销往宁波、杭州、绍兴、南京、上海等大中城市，深受消费者欢迎，已基本形成科研、养殖、销售一

条龙产业体系。近年来开发推出的虾、鳖、鱼混养模式（图4-2），既丰富了老百姓的菜篮子，又给企业增加了经济增长点，而且带动大批养殖户增加了收入，经济效益、社会效益十分明显。

图4-2　余姚市冷江鳖业有限公司的虾、鳖、鱼混养

二、放养与收获情况

1. 池塘条件

（1）**池塘条件** 环境安静，背风向阳，进排水方便，水质良好，面积 0.2～0.33 公顷，水深 1.5～2 米，淤泥较少。

（2）**防逃设施** 池塘四周要设置 30 厘米高以上的防逃围护设施。设施可用砖石砌成，也可用石棉瓦或塑料板等材料围建，转角和接口处要平整、无缝隙。

（3）**食台和晒背台** 在离池塘 1 米左右远处设置食台，池中搭建晒背台（拱形的毛竹架）。

（4）**培育水质** 先用生石灰清塘消毒，然后注入 50～60 厘米深的水，再按每 667 米^2 施以腐熟发酵后的有机肥料 100～150 千克，以培养浮游生物。

（5）**移植水草** 在鱼池浅水处移入一圈水花生或空心菜等，其覆盖面占池水面的 20%～25%。注意水草移入前必须用漂白粉或二氧化氯等杀菌消毒，以免将病菌和寄生虫带入池内。

（6）**配备增氧机** 因生态立体养殖池内养殖密度较高，为了改善水质和防止鱼、虾浮头，必须配备 1～2 台增氧机，以便及时增氧。

2. 合理放养苗种

（1）**虾种的放养** 宜放养抱卵种虾或当年的虾苗。抱卵青虾一般在 4 月放养，放养量为每 667 米^2 5～8 千克；虾苗一般在 6 月下旬和 7 月中上旬放养，每 667 米^2 放养量为 3 万～5 万尾。

（2）**鳖种的放养** 宜放养人工培育的鳖种，规格一般为每只 0.15～0.25 千克。放养前必须用食盐水或高锰酸钾溶液等浸浴消毒，放养量一般为每 667 米^2 500～1 000 只。放养时间为 5 月下旬，水温稳定在 25 ℃以上时放养为宜。

（3）**鱼种的放养** 以鲢、鳙为主，占 70%～80%，适当搭养草鱼、鳊、鲫鱼种，一般每 667 米^2 放养 200～250 尾，放养时间为春节前后。

(4) **投放天然螺蛳** 为了补充鳖的生物饵料，在放养鳖种前要往池内投放一定量的鲜活螺蛳，任其繁殖生长，以供鳖摄食。投放量为每 667 米^{2}100～150 千克。

3. 饲养和管理

(1) **饲料** 以鳖、虾的专用配合饲料为主。当青虾大量繁殖时，繁殖出来的小虾也是鳖的补充饵料。

(2) **投饲方法** 从鳖种放养后第 2 天开始，坚持在鳖的食台上投喂饲料，每天 07:00—08:00 和 17:00—18:00 各投喂 1 次。鳖饲料最好在鱼、虾饲料投喂半小时后再投，让鳖尽量在较安静环境下摄食。

(3) **水质管理** 要经常加换新水，中午和凌晨应多开启增氧机增氧。同时，每隔 15～20 天泼洒生石灰水或光合细菌及有效微生物群等有益微生态制剂，以调节和改善水质。

(4) **鱼类的饲养管理** 与常规鱼塘基本相同，应注意的是投饲时要远离鳖的食台，以免影响鳖摄食。

(5) **日常管理** 坚持每天早、中、晚 3 次巡塘检查。检查各种设施是否完好，观察水质变化和摄食活动情况，检查观察是否有病害出现及缺氧浮头现象等，发现问题应及时采取措施。

4. 防治病害

平时每隔 15～20 天用生石灰、二溴海因及有效微生物群原露等环保药物交替消毒 1 次。定期在饲料中轮换添加 0.1%～0.2% 的维生素 C、超碘季铵盐及免疫多糖等，以增强动物抗病能力。发现病害时应立即查明病因，对症用药治疗。

5. 捕捞

9 月底鳖基本停食。鲢、鳙可以在 10 月初捕捞上市，南美白对虾于 10 月中旬，采用地笼法开始捕捞；中华鳖于 11—12 月，根据市场行情和需求陆续捕捞。

三、经济效益分析

池塘面积 0.2～0.33 公顷，平均水深 1.2 米，放养中华鳖的平均个体重为 315 克,密度为 3 只/米^2;鳙平均个体重 180 克,密度为每 667 米^2 50 尾;南美白对虾密度为每 667 米^2 20 000 尾,养殖 150 余天。

(1) **产量**　捕捞后统计结果为:鳖 147 100 只,平均规格 724 克,产量 106 469 千克,成活率 82%;鳙 4 426 千克,南美白对虾 9 058 千克。

(2) **经济效益**　通过捕捞销售后对试验池塘进行成本和效益核算,总成本含苗种、工资、塘租、水电和其他支出,共 390.7 万元,其中鳖、鱼、南美白对虾分别为 385.7 万元、0.729 万元、4.26 万元。总产值 768.74 万元,鳖、鱼、虾分别为 745.3 万元、3.546 万元、19.9 万元。总利润 378.04 万元,每 667 米^2 平均 4.2 万元。

四、经验和心得

1. 仿野生中华鳖生态养殖模式

通过温度、光照、水体生物结构、水中二氧化碳和氧气的平衡以及氨氮物质的积累等生态因子,建立起接近中华鳖野生环境的稳定的良性养殖水体。仿野生生态环境培育出的中华鳖不仅体薄片大、脂肪少、裙边大而厚,而且体质健壮、光泽亮、野性十足;在这种模式下养殖的中华鳖无论是营养价值还是市场价格,都具有很大的优势。

2. 虾、鳖、鱼混养模式

主要是南美白对虾与鳖混养,以这种方式养殖出来的鳖俗称"对虾鳖"。虾、鳖、鱼混养的中华鳖野性十足,肉质和口感接近于野生鳖。南美白对虾从小到大要蜕几次壳,脱壳时易死亡,不及时清理,死虾就会腐烂,虾、鳖、鱼混养利用鳖的肉食性,吃食一部分弱虾,既切断了虾的病原传播途径,又增加了中华鳖的营养。

五、上市和营销

余姚市冷江鳖业有限公司自 2000 年起,根据市场需求,结合自身实际情况，积极发展中华鳖的生态养殖，为市场提供环保健康的生态鳖。2007年"冷江"牌中华鳖产量56吨，销售额1 030万元，利润50.4万元。"冷江"牌中华鳖在宁波地区品牌中华鳖中市场占有率为30%以上，浙江省内市场占有率为5%以上。公司近年来依托超市、农贸市场作为销售平台，积极发展销售网络，至2007年年底，已拥有超市销售网点50余个，农贸市场网点60余个，直营专卖店3家，销售业绩年年递增。

第三节　浙江省湖州市德清县稻田养鳖模式

一、养殖实例基本信息

浙江清溪鳖业有限公司创建于1992年。该公司是一家生态化养殖、标准化生产、制度化管理、品牌化销售，集清溪花（乌）鳖的苗种繁育、商品生产及品种选育于一体的浙江省省级农业科技企业。该公司近年来先后创新推出了稻鳖轮作、稻鳖共生模式（图4-3）。特别是鳖稻共生生产的清溪花鳖和清溪香米，由于不打农药、不施化肥，稻没有农残，重金属含量远远低于国

图4-3　浙江清溪鳖业有限公司的稻田养鳖

家标准限定值，品质超有机稻；鳖是仿照原生态养殖，不使用激素，口味近似野生鳖，取得了良好的经济效益、生态效益和社会效益。

二、放养与收获情况

1. 稻田设施

养鳖稻田的沟坑（鱼凼）开挖视放养鳖的规格和数量以及预期产量而定，一般为 1～2 个，位置紧靠进水口的田角处或中间，形状呈长方形，面积控制在稻田总面积的 10％之内，深度 50～70 厘米。四周可用条石、砖或其他硬质材料和水泥护坡，田角处或中间、沟坑埂高出稻田平面 40～50 厘米。

养鳖的稻田在鳖的放养前应新建或修补、加固、夯实田埂，不渗水、不漏水；防逃设施可选用砖墙、铝塑板等材质。鳖既可以生活在水里，也可以生活在稻丛里，满足了两栖动物的生活习性，使其生活环境有了极大提高。

2. 水稻品种的选择

根据播种时间及插秧密度，选择感光性、耐湿性强的，株型紧凑、分蘖强、穗型大、抗倒性、抗病能力强的品种为主。适宜的品种有秀水 555、甬优 12、中浙优系列等。每年 4 月底或 5 月种植水稻，可采用机插或人工移栽方式进行养殖商品鳖的稻田，一般每 667 米² 插 6 000～8 000 丛，每丛 1～2 株。养殖稚鳖的稻田，一般每 667 米² 插 10 000～12 000 丛，每丛 1～2 株。养殖亲鳖的稻田，一般每 667 米² 插 3 000～5 000 丛，每丛 1～2 株。在沟坑两边可酌情人工适当增加栽秧密度。

3. 中华鳖的放养

4 月放养的中华鳖需先暂养在鱼凼内，5 月种水稻，20～30 天后（5 月底至 6 月初）将鱼凼围栏打开，使中华鳖散放到稻田，实现共生。也可于 6—8 月放养中华鳖，需注意插秧与放养的时间节点，至少要在插秧 20 天后进行放养，以免秧苗被中华鳖摄食。

放养时间视放养的苗种规格和来源而定。种植前放养的鳖须先限制在沟坑中，待秧苗返青后再取消限制。一般情况下，亲鳖的放养时间为 3—5 月，早于水稻插秧；幼鳖的放养时间为 5—6 月，在插秧 20 天之后进行。稚鳖的放养时间为 7—8 月。可根据养殖条件、技术水平等进行合理的放养。建议放养密度见表 4 - 2。

表 4 - 2　稻鳖共生模式中华鳖放养密度

中华鳖规格	每 667 米² 放养量（只）
亲鳖（3 龄以上）	50～200
幼鳖（1 冬龄鳖）	100～500
稚鳖（20 克以上）	500～1 000

4. 水稻水浆管理

插秧以后以浅水为主，促早分蘖。7 月中旬烤好田，以后以浅水为主，水深 10 厘米左右；9 月以深水为主，灌 20～30 厘米水，收割前 20 天排水烤田，直至收割机能下田收割为止。注意烤田放水前将鱼凼围栏开口封闭，缓慢放水让大多数中华鳖能自行爬入鱼凼内。

5. 中华鳖饲养管理

5 月初开始投喂饲料，饵料固定投在水沟位置。烤田时，慢慢降低水位，不影响中华鳖觅食。日投饲量根据气温变化，正常时占鳖体重的 1%～1.5%，每天 2 次。

及时清除水蛇、水老鼠等敌害生物，驱赶鸟类。如有条件，可设置防天敌网。

6. 水稻收割与中华鳖越冬

①10—11 月视水稻成熟度采用机收方式进行水稻收割。将水缓缓流出，使中华鳖进入沟坑内，提倡机械化收割操作。②鱼凼里的中华鳖可根据市场行情和规格随时起捕。若中华鳖在稻田内过冬，则在水稻收割后应及时灌水，田水深度保持在 50 厘米以上；若中华鳖在沟坑内过冬的，10—11 月期间沟坑内要适时换水，确保中华鳖安全过冬。冰封时要及时在冰面上打洞，防止田水缺氧。③水稻收割后，除鱼凼外的池塘里还可继续进行大麦、小麦、油菜等冬种作物栽培，稻草可以直接还田作为肥料，翌年收获后再进行中华鳖放养和水稻栽培。

三、经济效益分析

2013 年浙江清溪鳖业有限公司共实施稻鳖共生面积 59.73 公顷，每 667 米^2 放养中华鳖 400～600 只，10—11 月收割水稻，商品中华鳖上市销售。其中，生产成本包括人工费 2.5 元/只、电费 0.1 元/只、饲料费 7 元/只、机插、收割费每 667 米^2 100 元、稻谷烘干费每 667 米^2 100 元、田租费每 667 米^2 1 000 元、稻种费每 667 米^2 30 元、垦田费每 667 米^2 330 元、包装和管理费每 667 米^2 1 800 元，每 667 米^2 总生产成本 16 410 元。每 667 米^2 产出中华鳖 200 千克、稻谷 450 千克（最高每 667 米^2 产量达到 620 千克）。稻米销售价格 18 元/千克、中华鳖批发价格 110 元/千克、零售价格 176 元/千克，每 667 米^2 产值达到 26 081 元，每 667 米^2 平均收益 9 671 元。

四、经验和心得

稻鳖共生模式充分利用了动物和植物间的互补效应，养鳖肥田、种稻吸肥，既保护了生态环境，减少了农业面源污染，又保证了粮食的安全，保证了水产的发展，解决鱼粮争地矛盾，从源头上提高了农产品的产品质量，实现了一地双收，有效拓展了生态渔业空间，是一种良性的高效生态循环农业模式。

影响水稻最大的病虫害是褐稻虱、卷叶虫和纹枯病，在掌握了病虫害的特点后，进行各个击破。中华鳖养在稻田后，能吃到蜘蛛、螺蛳、小虫、小鱼等活食，只只身强体壮，行动敏捷，品质优良。

五、上市和营销

近年来，该公司一直致力于品牌发展和科技创新，清溪花鳖先后荣获"中国名牌农产品""国家地理标志保护产品"等称号。成功选育并通过审定新品种 6 个（水产新品种 1 个，农作物新品种 5 个），累计申报各类专利 36 项，其中发明专利 2 项。中国中央电视台的《致富经》《金土地》《每日农经》《科技苑》《农广天地》等栏目曾多次做过专题报道。

稻田养鳖（稻鳖共生模式）是以稻田为基础，以水稻和鳖的优质安全生产为核心，充分发挥鳖稻共生的除草、除虫、驱虫、肥田等的优势，实现有机优质农产品生产。鳖稻共生将公司发展推上了一个新台阶，清溪花鳖和清溪香米也由此身价倍增，2011 年 10 月，在湖南召开的全国龟鳖生态养殖大会上，清溪花鳖获"中国名鳖"称号；2011 年 11 月，在浙江衢州举行的第十届中国优质稻米博览会上，清溪香米以总分第三名的成绩被评为金奖产品。在得到专家们认可的同时，该公司的鳖稻共生更受到了上级有关部门高度关注，2012 年 11 月，浙江省海洋与渔业局组织的该省稻田养鱼现场会特地选择在清溪鳖业有限公司召开，向浙江全省推广了该公司的稻鳖共生模式的经验。

第四节　浙江省海宁市两段法养殖模式

一、养殖实例基本信息

海宁市盛旭水产养殖有限公司开展了中华鳖两段法养殖，这是通过稚幼鳖阶段在温室培育，并在室外土塘养成商品鳖以提升品质的一种技术（图 4-4）。该技术十分适合国家水产新品种中华鳖日本品系的养殖。

图 4-4　海宁市盛旭水产养殖有限公司的中华鳖两段法养殖

二、放养与收获情况

该养殖模式经历温室和外塘两个养殖阶段，各阶段在实际生产上和温室鳖或外塘鳖养殖管理基本相同。

1. 养殖塘条件

池塘大小以 0.13～0.27 公顷为宜，四周设防逃设施，泥塘塘埂坡度宜大些，若长年养殖最好将泥塘塘坡硬化。放养前 20～30 天对养殖塘清淤，并用漂白粉消毒，7 天后用 80 目筛绢网过滤进水至 60～80 厘米，适当施用鸡粪等有机肥育藻肥水，水质呈淡绿色为宜。

2. 翻塘操作

（1）**翻塘时间的选择**　出棚时间一般为 5 月下旬和 6 月上旬，外塘水温必须达 25～26 ℃，在 04:00—07:00 及 17:00 以后进行，避免在高温及阳光强烈条件下进行。

（2）**放养前准备**　放养的温室鳖以 400～500 克/只为宜。为提高温室鳖对外塘环境的适应性，应在出棚前 7～10 天提前通风、降温、减料，暗棚温室应提前 5～7 天增加棚内光线，至出棚时棚内水温降至 27～28 ℃，最好与外塘表层水温基本持平，出棚前最好停饲 1～2 天。出棚时尽可能带水捉鳖，以免干池对鳖体造成机械损伤及发生应激反应。

（3）**放养操作**　温室鳖经运输或出现损伤，放养前需进行挑选，将伤鳖、病鳖挑出隔离养殖，也可在此时分选雌雄，便于分开放养。温室鳖在放养前需用浓度为 20 克/米³ 的高锰酸钾或聚维酮碘（含有效碘 1%）浸泡 5 分钟后装入塑料周转筐，防止挤伤压伤，然后将筐运到养殖池边，让其自然爬入池中，放养密度不宜过大，以每 667 米² 雄鳖 800～1 000 只、雌鳖 1 000～1 200 只为宜。下池后 1～2 小时，全池用生石灰或强氯精泼洒消毒，以后隔 3 天消毒 1 次。下池后 2～3 天，根据池塘里中华鳖的活动情况，酌情进行诱食试验，首次投喂量控制在每 667 米² 500 克以内，诱食成功后可在饲料中添加保肝健胃类产品（如"肝保宁"

等）3～5 天。

3. 日常管理

（1）**投饲**　当前中华鳖饲料主要有鲜活饲料、混合饲料和配合饲料，提倡采用全价配合饲料。投喂应严格按照定质、定量、定时、定点的"四定"原则。一般水温为 18～20 ℃时，2 天 1 次；水温 20～25 ℃时，每天 1 次；水温 25 ℃以上时，每天 2 次，分别为 09:00 前和 16:00 后。日投喂量按池塘鳖重的 1%～2.5%，鲜活饲料的日投饲量为鳖体重的 5%～10%；投饲量的多少应根据气候状况和鳖的摄食强度进行调整，所投的量以在 2 小时内吃完为宜。

（2）**水质调控**　定期泼洒生石灰或强氯精，预防病害发生。中华鳖养殖塘水的透明度以 20～30 厘米为宜，正常良好的水色为黄绿色或茶褐色。为保障水质稳定，可套养滤食性鱼类，如每 667 米^2 套养鲢 50～100 尾和鳙 10～20 尾。养殖过程中一般不需换水，只需不定期加注新水，维持水位在 80 厘米左右，至 10 月天气转冷，可加深水位至 1 米左右。

（3）**巡塘管理**　做好日常管理记录，做到每天巡塘不少于 3 次，晚上加强值班，防逃防偷。

（4）**起捕**　一般于当年年底（10 月以后）中华鳖停食后即可起捕，经 7～8 个月养殖商品鳖平均重量可达 750 克以上。

三、经济效益分析

温室养殖期间，饲料费 7.8 元/只、燃料费 1.5 元/只、渔药费 1 元/只、电费 1 元/只、人工费 1.4 元/只、折旧费 1.5 元/只、利息 0.8 元/只，总成本 15 元/只；外塘养殖阶段，饲料费 12.5 元/只、渔药费 2 元/只、电费 0.5 元/只、人工费 3 元/只、塘租费 2.5 元/只、折旧费 2 元/只，总成本 22.5 元/只。出池规格 1 千克/只，出池价格 48 元/千克。放养中华鳖总量 20 000 只，存活率 90%，总成本 37.5 元/只，销售总额 86.4 万元，实现利润 18.9 万元。

四、经验和心得

养殖池塘的水质调节主要是按中华鳖生长要求控制水位，水位升高要逐步进行，不可忽高忽低。要经常加注新水，加注新水应考虑池塘水位稳定，宜少量多次。此外，养殖过程中应采用生石灰水调节水体的 pH。

在 6—9 月，水温较高池塘水体易产生蓝藻和绿藻，既影响光合作用及水草生长又恶化水质，适当施放一些生物制剂（光合细菌、复合菌）可以达到抑制藻类繁殖生长，促进浮游生物生长的目的，同时可以起到预防疾病的作用。

五、上市和营销

该公司现有承包流转土地 60 余公顷，成功创建农业部健康养殖示范场、浙江省级种苗繁育基地，承担了农业部"菜篮子"生产项目，并列入浙江省现代渔业精品园创建点。在生产经营上，公司实行品牌化营销策略，注册"绿庄源"品牌，并通过无公害产品、产地双认证，除了超市专柜、专卖门店等传统销售方式，还注册淘宝网店，开通了微信公众号，抢先拓展农业电子商务市场。

第五节　湖北省赤壁市鳖、虾、鱼、稻生态种养模式

一、养殖户基本信息

养殖户吴孝明为湖北省赤壁市芙蓉镇廖家村十组村民。2012年前一直租用本村 3.2 公顷稻田从事水稻生产，2012 年，在湖北省水产技术推广中心指导下开始进行鳖、虾、鱼、稻生态种养，取得了良好效益，2013 年在该稻田内继续实施鳖、虾、鱼、稻生态种养，同样取得了很好效益。因此，2014 年，他再租用本村稻田 10 公顷用于发展该模式（图 4 - 5、图 4 - 6）。

图4-5 吴孝明的稻田养殖场

图4-6 鳖、虾、鱼、稻生态种养模式下的水稻

二、放养与收获情况

放养与收获情况详见表4－3。

表4－3　吴孝明稻田养殖放养与收获情况

年份	品种	放　养			收　获		
		时间	每667米² 放养量（千克）	平均规格	时间	平均规格	每667米² 收获量（千克）
2012	鳖	2012年6月	33.3	401.5克/只	11—12月	1 100克/只	87.18
	虾	2011年8月	10.4	25克/尾	4—7月	28克/尾	47.83
	鱼	2011年11月	13.0	78克/尾	10—12月	450克/尾	55
	稻	6月			9月		455
	合计		56.7				645.01
2013	鳖	4月	31.2	550克/只	11—12月	1 250克/只	98.29
	虾	2012年自繁	未计	未计	4—7月	32克/尾	20.83
	鱼	4月	10.4	73克/尾	10—12月	270克/尾	38.54
	稻	6月			9月		442.7
	合计		41.6				600.36

三、经济效益分析

吴孝明的3.2公顷稻田2012年和2013年总计产值1 617 343元，总共开支541 500元，总经济效益1 075 843元，详见表4－4。

表4－4　吴孝明稻田养殖综合经济效益

单位：元

项目		年　份	
		2012	2013
收入	鳖	669 600	660 520
	虾	74 325	40 000
	鱼	31 680	18 500
	稻	58 968	63 750
	合计	834 573	782 770

（续）

项目			年 份	
			2012	2013
支出		鳖种	121 600	108 000
		虾种	24 000	0
		鱼种	4 000	1 500
		稻种	1 300	900
		田租①	9 600	9 600
		基建（包括沟、防逃、哨棚、水电等）	18 760	18 760
		工资（耕作、插秧收割、管理）	45 000	33 000
		饲料	84 000	58 500
		其他	1 800	1 180
		合计	310 060	231 440
总利润			524 513	551 330
每 667 米² 利润			10 927.4	11 486.0

注：①田租按租田总费用分摊计算。

四、技术要点

①选择交通方便、地势平坦、保水性好的稻田。②开挖稻田环形沟。环形沟面积占稻田面积的 8%～10%；沟宽 3.5 米左右、深 0.9～1.0 米。用挖沟余土加宽加高加固田埂。③在环沟内种植轮叶黑藻、伊乐藻、水花生等水草，种植面积约为环沟面积的 1/3。④每 667 米² 清明节前投放活螺蛳 100 千克左右。⑤2011 年 8 月和 11 月每 667 米² 分别投放规格为 20～30 克抱卵亲虾 10.4 千克，规格 50～80 克/尾的鲫 13 千克。栽秧后，6 月中下旬投放规格 500 克/只左右中华鳖种，放养密度为每 667 米² 100 只左右。⑥水稻选择抗病虫害、抗倒伏、耐肥性强、米质优、可深灌、株型适中的中稻品种。栽插时采取宽窄行交替栽插的方法，宽行行距为 40 厘米，窄行行距为 20 厘米，株距均为 18 厘米。⑦根据水稻以及水生动物

生长需要适时调控水位。⑧饲料为小杂鱼，以投喂鳖为主，小杂鱼来源于赤壁市陆水水库。投喂方法：鳖入田后开始投喂，每天17:00投喂1次，每天投喂量在50～150千克，其中按每天50～75千克投喂20天，按每天75～125千克投喂30天，按每天150千克投喂至10月2日，随后投喂量逐渐减少，直至10月中旬后停止投喂。

五、经验和心得

①土池鳖种应在5月中下旬的晴天投放，温室鳖种最好在秧苗栽插后的6月中下旬投放，放养密度以1500只/公顷左右为佳。鳖种放养前用浓度为30毫克/升的聚维酮碘（含有效碘1%）液浸浴10～20分钟。②若虾种采用干法保湿运输，放养前应先将虾种在稻田水中浸泡1分钟左右，提起搁置2～3分钟，再浸泡1分钟，再搁置2～3分钟，如此反复2～3次后，将虾种分开轻放到浅水区或水草较多的地方岸边，让其自行进入水中。③把握中华鳖上市时机。中华鳖上市前停喂半个月以上，降低体内脂肪含量，使体型变薄，活力增强，外表更似野生中华鳖，以延长储存时间，增加食用鲜美度，提高经济效益。

第六节　湖北省宜城市中华鳖
稻田生态种养模式

一、养殖户基本信息

湖北省宜城市郭家台生态中华鳖专业合作社是一个专业从事中华鳖生产、繁殖、销售的水产专业合作社组织，由该市南营办事处南洲村中华鳖养殖大户郭忠诚、李传明等人发起，于2009年6月4日登记成立。该合作社由113个养殖户组建，其中池塘养殖户95户，稻田养殖户18户。目前拥有养殖面积由建社初期33.33公顷发展到100公顷，其中，池塘养殖面积33.33公顷，稻田养殖面积66.67公顷。合作社采取池塘中华鳖仿生态养殖与

稻田中华鳖生态养殖相结合的养殖模式。2012 年产商品中华鳖
200 吨，产值达 2 200 万元。目前该合作社已被农业部授予"农
业部水产健康养殖示范场"称号。2013 年，湖北省水产技术推
广中心在该合作社选取 0.77 公顷稻田进行鳖、虾、鱼、稻生态
种养技术示范。

二、放养和收获情况

放养和收获情况详见表 4-5。

表 4-5　宜城市郭家台生态中华鳖专业合作社放养和收获情况

品种	放种			收获		
	时间	平均规格	每 667 米² 放养量（千克）	时间	平均规格	每 667 米² 收获量（千克）
鳖	6 月	460 克/只	64.3	10—11 月	1 062 克/只	146.8
虾	3—4 月	10 克/尾	34.8	7—10 月	25 克/尾	15.48
鱼	3 月	100 克/尾	10.4	11 月	300 克/尾	25.22
稻	6 月			9 月		504.35
合计			109.5			691.83

三、经济效益分析

0.77 公顷示范稻田共收获水产品 2 156 千克，水稻 5 800 千
克，总产值 259 030 元，总开支 126 684 元，总利润 132 346 元，每
667 米² 平均产值 22 524.4 元，综合效益 11 508.3 元，详见
表4-6。

四、技术要点

①稻田工程建设：选择交通方便、地势平坦、保水性好的稻
田，在距稻田堤埂 1～2 米处开挖环形沟，环形沟面积占稻田面

表4-6 郭家台生态中华鳖专业合作社经济效益情况

单位：元

项目	品种	金额	合计金额	备注
收入	鳖	229 568	259 030	
	虾	2 492		
	鱼	3 770		
	稻	23 200		
支出	鳖种	59 200	126 684	建池费用按5年使用期限折合
	虾种	2 400		
	鱼种	432		
	稻种	640		
	田租①	8 000		
	基建（包括沟、防逃、哨棚、水电等）	3 912		
	工资（耕作、插秧收割、管理）	10 000		
	饲料	39 600		
	其他	2 500		
总利润			132 346	
每667米² 利润			11 508.3	

注：①田租按租田总费用分摊计算。

积的 8%～10%；沟宽 3.0～3.5 米、深 0.8～1.0 米。挖沟的土用于加宽加高加固田埂。在沟内种植轮叶黑藻、伊乐藻、水花生等水草，种植面积控制在环形沟面积的 30%～40%，清明节前每 667 米² 投放活螺蛳 120～150 千克。在环形沟四面中间处设置 1～2 个食台，食台、晒台合二为一，同时进行防逃设施建设。②水生动物投放：鳖、虾和鱼的苗种均来源于郭家台生态中华鳖专业合作社，3—4 月收集幼虾、鱼种投放稻田，6 月投放鳖种，苗种全部用 3%～5% 的食盐水浸浴 10 分钟后下田。③饲料投喂：饲料为自制配合饲料，由小鱼、小虾配合玉米、豆饼、小麦等自制而成，其中，小鱼、小虾占配合饲料成分的 60%。鳖入田后即投喂饲料，投喂量按鳖体重的 5%～8% 进行，每天投喂 2 次，为 09:00 和 17:00 各 1 次。10 月中旬后停食。④稻田种养管理：依据水稻和水生动物需求进行适当水位调节、控制，适时加注新水，并注意注水前后水温差不超过 3℃。晒田总体要求轻晒或短期晒，田晒好后应及时恢复原水位。经常检查水产动物吃食情况、防逃设施、水质等，做好稻田生态种养试验田与对照田的各种生产记录。⑤产品收获：虾产品用地笼捕获，中华鳖干池捕获，水稻为机耕收割。

五、经验和心得

养殖过程中注意：①使用水泥瓦建造防逃设施，稻田四角转弯处的防逃设施要做成弧形（图 4-7）。②根据中华鳖的生态习性设置晒背台和食台（图 4-8）。③在稻田配频振杀虫灯对趋光性害虫进行诱杀并为鳖、虾、鱼提供营养丰富的天然饵料。④由于雄鳖生长速度快、价格更高，最好投放全雄鳖种。

图 4-7　稻田四周的石棉瓦防逃设施

图4-8　中华鳖的晒背台和食台

第五章 中华鳖产品的质量安全与市场营销

第一节 捕捞上市

一、捕捞

中华鳖全年均可捕捞，控温养殖方式的中华鳖捕捞一般采用放干池水进行捕捞，露天池的捕捞方法很多，包括踩摸捕捉、灯光照捕、围网捕捞、干塘捕捉及挖捕等。

1. 干池捕捉

先将池水排至 20 厘米深，然后可下池边摸边捉，待几乎捕捞完时，再将池水搅混后把池水放干，下塘捡捕。泥底池可在晚上待剩余躲在泥沙里的中华鳖全部爬出时，用灯光照捕。此方法适用于幼鳖或成鳖转段饲养及全池中华鳖的全部收获。

2. 踩摸捕捉

穿下水裤下水用脚踩摸，当探察到中华鳖后，先用脚踩住鳖甲前部，使它的后部翘起，然后伸手从鳖甲后部捏住鳖甲，大的中华鳖由于挣扎剧烈，要用两指插入其两个后肢外侧腋下，倒提起来。不可抓住中华鳖的前部，以防被中华鳖咬住手指。如果万一被中华鳖咬住，不应用力甩，而是立即与中华鳖一起放入水中，中华鳖即会松口。踩摸捕捉多用于个别捕捉，已钻入淤泥冬眠的中华鳖，也可用踩捕法捕捉。

3. 灯光照捕

中华鳖怕阳光直射，夏季夜里中华鳖经常爬到池岸上，此时可用手电筒或其他灯光照捕，被照住的中华鳖活动迟缓，一般会不动，即可捕捉。

4. 网捕

网捕主要用刺网、丝网或拉网。水库、湖泊等深水区的中华鳖，一般用3层刺网缠捕，在4—10月捕捞效率较高。放网时将网衣呈波浪状放于水中，中华鳖触网即被缠绕而难于逃脱。因中华鳖用肺呼吸，所以放网和收网时间间隔不能太长，一般以2～3小时为宜，以免中华鳖窒息死亡。拉网属地曳网类，多用于鳖池内作业。捕鳖用拉网一般与成鱼网相似，但网眼规格较大，网衣较宽、较高。捕捉时动作要迅速，收网要快，网衣要宽大，以防鳖受惊逃走。因中华鳖具有喜静怕惊的特性，网捕规模大，动作大，声势大，需要人手多，易使中华鳖受到惊吓而钻泥，不摄食而影响生长，故在中华鳖的摄食生长旺季不宜采用此法。

5. 笼捕

捕鳖用的笼子采用竹篾编结而成，两端留口，以硬竹签在入口处倒插为倒须，使中华鳖只能进不能出，笼内放入动物内脏、蚯蚓团等做诱饵，让中华鳖嗅到诱饵散出的香味，爬入竹笼内吃食而捕获之。此法规模不大，对中华鳖摄食生长惊扰小，适合少量捕捞。

6. 钓捕

钓捕是一种带伤害性的捕捞方法。常采用延绳饵钓，即在鳖池上方每隔几米平行拉一道长绳，每道绳上隔1～2米系上一根支绳，支绳末端系上钓钩和沉子，要求支绳长度能伸入水面以下40厘米。捕鳖钩多为直钩，即用两头尖的坚硬钢丝或去掉头只留锋尖的粗大头钉。直钩装上青蛙肉、猪肝、蚯蚓团等诱饵，诱饵要将直钩完全包裹住。中华鳖吃食往往是生吞活剥，很少慢慢试探，小心咀嚼，所以抢食过程中不去注意是否有钩，一口逮住随即下咽，能将钩吞入喉管内，而无法取出，捕捞者只有用弃钩断线的办法取鳖。这样捕到的中华鳖只能尽快食用，否则很快就会死亡。

二、标识与包装

(一) 标识

1. 中华鳖质量可追溯管理理念的建立

中华鳖不仅营养丰富，而且药用价值也高。不同养殖模式产出的中华鳖品质有所不同。随着人们生活水平的提高以及对食品质量安全意识的不断增强，广大消费者对中华鳖的质量要求也越来越高。食品质量安全可追溯系统作为一种质量信息的记录与传递体系，其机制是将田头到餐桌与质量有关的详细信息记录下来，建立电子档案数据库，通过对质量信息的如实记录、有效传递与正确识别，把食品供应链中的信息流和实物流联系起来，实现对供应链中各环节的追踪，并在出现食品安全问题时可以进行追溯。为便于管理者的监管，便于消费者了解中华鳖养殖过程信息的查询，也便于商品鳖物流的可跟踪，中华鳖质量安全追溯系统的建立显得尤为必要。利用互联网、物联网等先进的信息技术，采用电子标签、二维码识别技术建立中华鳖质量安全可追溯体系，通过标签的编码可方便地到电子档案数据库中查找有关的详细信息，实现对产品的跟踪识别，让消费者吃得更明白、更放心。

2. 标签与标识

中华鳖吊牌，又称甲鱼吊牌、甲鱼扣，是指用打孔抢打在中华鳖裙边上的，起品牌宣传、品牌管理、养殖管理作用的标识。目前随着技术的发展，在原有中华鳖吊牌防伪性能的基础上发展了二维码溯源吊牌（图5-1）。上市的商品鳖将逐个挂上原产地的防伪标签，确保销售的产品能够追溯到成员户、到基地、到池子，推动成员执行标准。消费者根据吊牌上的追溯码通过配套的追溯标签和追溯系统平台，利用手机微信就可以查询到商品鳖的基本信息，包括养鳖场基地池塘编号、养殖环境、亲鳖的数量与品质，养殖投入品使用情况，商品鳖的数量、检测报告及养殖年份等信息。

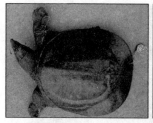

图 5-1 中华鳖吊牌（左）、工具（中）及二维码（右）

（二）包装

包装采用小布袋、麻袋、竹筐、木箱、木桶、塑料箱等。包装容器应坚固、洁净、无毒、无异味，并有良好的排水条件，箱内垫充物应清洁、消毒、无污染。单只商品鳖的包装方法有很多，如网袋包装、纸盒塑料袋装、塑料包装盒、竹筐等（图 5-2）。量大时常用的包装方法有以下几类。

（1）**小布袋、麻袋包装** 取与中华鳖大小相近的小布袋，1 只小布袋装 1 只中华鳖，扎紧袋扣，再放入其他容器或布袋中，每袋重约 20 千克。

（2）**竹筐、木箱和塑料箱包装** 装运前，容器底部先垫一层无毒的新鲜水草，装上 1 层中华鳖，再铺一层水草，固紧封盖，严防中华鳖逃跑，可装 3~5 层，重约 20 千克。

（3）**特制箱子，分隔包装** 箱子周围有出水孔及透气孔，运输途中适当淋水，以保持中华鳖湿润，但温差不能超过 3 ℃。夏季运输时，箱内上方存放冰块降温，降温用冰符合《人造冰》（SC/T 9001）的规定。

三、运输

中华鳖在采购、出售及进行交换时均需要进行运输。在运输的过程中，运输方法不正确，会导致中华鳖在运输过程中出现受伤甚至死亡。因此掌握正确的运输方法十分重要。

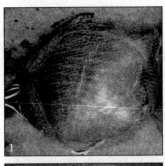

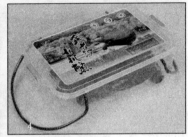

图 5-2 不同商品鳖的包装类型

1. 包装网袋　2. 纸盒及塑料手提袋　3. 塑料包装盒及手提袋
4. 聚丙烯塑料包装盒　5. 竹筐

(一) 运输前的准备工作

1. 做好运前暂养

根据不同季节和起运时间采取暂养的方法，如春夏秋季将不能起运的中华鳖转运暂养池内暂养。暂养密度一般不宜超过 11 250

千克/公顷。池底铺沙厚 20 厘米，定时定量投喂饲料，并注意换水，保持池水清洁。冬季则应暂养在避风向阳比较温暖的地方，池底铺松软湿润的泥沙 30～40 厘米，让中华鳖钻入沙中潜伏，注意防止受冻。在高温季节可在水泥池内先用潮湿的粉砂或水草铺底，再将中华鳖放入池内，然后盖上湿草袋以防爬动或蚊蝇叮咬。池内不宜蓄水，但要保持湿润清洁。

2. 停饲和降温

如中华鳖运输前气温高时，对饲养和暂养的中华鳖应停食 2～3 天，使其排出粪便以减少对运输工具和商品鳖的污染，并用 20 ℃ 以下的凉水冲洗 1 次，并浸泡 10 分钟，以清洁皮肤和降低活动能力。

3. 严格检验

运输前，要对中华鳖的质量进行检查，要求健康无病、外形完整无伤、神态活泼、活动自如。在春秋季可将中华鳖背朝下、腹朝天，视其能否迅速翻身。如果外形残伤、反应迟钝、腹甲发红充血，则不能装运。

4. 工具消毒

中华鳖运输工具有运输桶、塑料筐、鳖箱、鳖篓、冷藏车等，使用前要用高锰酸钾或漂白粉溶液进行消毒，避免感染病菌。高锰酸钾溶液的浓度一般为 100 毫克/升，浸泡 30 分钟。漂白粉溶液的浓度为 5％，浸洗 20 分钟。

（二）运输方法

选择适当的运输时间对提高中华鳖的运输成活率有密切关系。研究表明温度是影响水产品正常生理功能的重要因素之一，不但影响其标准代谢及内源氮的代谢，而且还影响机体免疫功能及健康等。中华鳖属于变温动物，具有冬眠的特性，对温度变化较敏感，其新陈代谢活动与温度关系密切。据测定，在 34 ℃ 时中华鳖脉搏每分钟为 60 次以上，在 4 ℃ 时仅为每分钟 2 次。因此，选择低温运输，中华鳖的成活率因其代谢活动减少而明显提高。运输方法分短距离运输和长距离运输两种。

1. 短距离运输

短距离运输一般在几小时或 1～2 天内就可到达目的地，无需特殊的管理，只要采用简单的运输桶、鳖篓等运输工具即可安全到达。

2. 长距离运输

长途运输时，应先让中华鳖的头爪缩回，选用大小适中的布将其裹住，再紧贴鳖体用针线缝好，然后装入木箱或竹篓中，淋水湿润，这样可经得起较长时间的运输。每桶可装运商品鳖 20 千克左右。高温季节可另用木板和白铁制成的一种桶或活鳖箱，其大小规格可根据装运数量和大小而定。箱底也钻有几个出水孔，距桶箱 1/3 处或中间装嵌一隔板，格底铺上鲜水草。装鳖时先在桶或箱底铺上填充物，最好用鲜水草，如金鱼黑藻等，装鳖后在鳖上再盖水草或箱盖。也可用冷藏车运输，车内控制温度在 4～14 ℃，这样中华鳖处于冬眠状态，活动能力减弱。

（三）运输注意事项

1. 防病伤

在运输之前，应对中华鳖严格检查，剔除外部受伤、畸形、反应迟钝、腹甲发炎充血的中华鳖，将无病无伤、活动自如的中华鳖进行装运。

2. 防咬斗

可在浅竹筐或木箱的内部用木板条隔成小区，以控制中华鳖活动，避免相互咬斗致伤致残。

3. 防闷死

用木箱运输中华鳖时，箱底要铺上稻草，并加盖捆紧后运输。木箱的四周及底、盖，要钻数个小孔，通风透气，防止中华鳖闷死。

4. 防干燥

中华鳖离开水的时间太久，便会死亡。因此，在长途运输过程中，要经常浇水，保持中华鳖外壳湿润。

5. 防污染

在高温期间运输中华鳖，运输前应停食 2～3 天，让其排除体内积粪，以减少对包装工具的污染，避免中华鳖感染病菌而致病。

四、中华鳖的存放

根据季节的不同，可以采用多种不同的方式，只要存放得当，中华鳖可存活至少1周以上。

（一）冰箱储存法

先将中华鳖放在与它差不多大小的盒子中或用网袋包装好，放入冰箱保鲜区，把保鲜区的温度调到2~8℃，基本上保持1~2天观察1次存活情况。一般中华鳖在此温度下处于"冬眠"状态，所以也不太会出现死亡的情况。注意放入冰箱保鲜后不要经常去触动它，由于中华鳖生性胆小，多次的惊扰也会造成其死亡。因中华鳖属于高蛋白质动物，死亡后是不能食用的，因此在存放过程中如感觉中华鳖不太灵活了就需赶紧宰杀掉。

（二）室内水体储存法

首先准备1个水桶，大小以能装下中华鳖为宜，然后放入少许的水，水的高度以其鼻孔能伸出水面换气即可。每隔2天左右更换1次清水，基本上就可以保证它的存活。同样也要每天观察，如不太灵活需尽快宰杀食用。需注意的是，被蚊子叮咬过后的中华鳖容易死亡，在存放过程中要注意预防蚊虫的叮咬。此外中华鳖喜净怕脏，存放过程中要勤换水，为其提供一个洁净的水环境。

第二节　中华鳖产品质量安全

一、中华鳖产品质量安全现状

我国大陆地区从20世纪80年代中后期开始中华鳖的商业性养殖，随着温室养殖技术的应用推广和市场的驱动，中华鳖养殖产量快速上升，但对外来品种进入、养殖环境污染和高密度养殖模式等因素造成的产品质量安全问题，引起政府和消费者的担忧。为加强中华鳖产品质量的监测，从 2001 年开始包括浙江在内的主要生产省份开展了中华鳖质量安全的监测工作。检测内容包括药物残留、重金属、农药残留等指标。中华鳖主产区浙江省 2004—2013 年产品质量安全监控结果显示，中华鳖产品质量情况总体较好，但也仍然存在一些问题，尤其是药物残留问题。这期间，监测鳖类产品 3 905 批次，其中合格 3 845 批次，不合格 60 批次，合格率为 98.46%，不合格指标包括氯霉素、环丙沙星、无色孔雀石绿、硝基呋喃代谢物等。各年度合格率及不合格项目详见表 5-1。此外，2012—2013 年期间，浙江省还开展了包括中华鳖在内的水产品质量安全风险排查监测工作，发现少部分中华鳖产品检出磺胺类、喹诺酮类、头孢类、青霉素类药物等 10 余种药物，虽然没有超过国家规定的限量，但仍存在一定潜在质量风险。

表 5-1 浙江省 2004—2013 年龟鳖产品质量安全监测结果

年份	检测批次	不合格数	合格率（%）	不合格项目
2004	130	4	96.92	氯霉素
2005	400	29	92.75	环丙沙星、氯霉素、己烯雌酚
2006	470	12	97.45	无色孔雀石绿、呋喃唑酮代谢物、氯霉素
2007	366	3	99.18	呋喃西林代谢物、无色孔雀石绿
2008	344	4	98.84	呋喃唑酮代谢物、无色孔雀石绿、氯霉素
2009	356	2	99.1	无色孔雀石绿、呋喃唑酮代谢物
2010	330	0	100	—
2011	332	0	100	—
2012	556	3	99.5	无色孔雀石绿、氯霉素
2013	621	3	99.5	无色孔雀石绿、氯霉素、呋喃唑酮代谢物、呋喃它酮代谢物

二、影响中华鳖质量安全的主要隐患因子

在中华鳖养殖生产过程中，影响质量安全的隐患较多，包括养殖环境因素、种苗、饲料、药物使用引起的质量安全隐患等，其中以药物使用环节的影响关联程度最大。

（一）药物使用引起的质量安全隐患

由于目前中华鳖养殖业大多采用的是集约化养殖方式，放养密度大，养殖病害较多。近几年来养殖中华鳖病害监测结果表明，龟鳖病害有30余种，其中常流行的为病毒性疾病（腮腺炎）、真菌性疾病（主要是白斑病、水霉病两种）和细菌性病（包括疖疮病、腐皮病、穿孔病、白底板病等10余种）。此外，还有寄生虫病及多种不明病因引发的疾病。这些病害往往给养殖者带来重大经济损失，因此养殖者大多使用药物来减少损失，从而给产品的质量安全带来隐患。通过药物引起的质量安全隐患，主要有以下两个方面。

1. 使用违禁药物

我国对中华鳖养殖过程的禁用药物已有明确规定，但硝基呋喃类药物、孔雀石绿、氯霉素等禁用药物，至今仍偶有检出现象，对产品质量安全危害较大。

（1）红霉素　红霉素用于防治和气单胞菌、爱德华菌引起的龟鳖白斑病、烂脖子病、疖疮病等，但因红霉素会引起人类肝细胞弥漫性大片坏死、耳聋、哮喘发作、精神障碍、关节炎综合征、低血糖反应、周围神经炎、白细胞减少及过敏性休克等不良反应，因而被我国禁用。红霉素在动物体内代谢时间比较长，不可避免地会在中华鳖体内产生残留。研究表明，红霉素在中华鳖肌肉和血液中的药物代谢动力学模型为有吸收室的一室模型。按50毫克/千克的剂量口服红霉素后，达峰时间为4.16小时，峰浓度为5.05毫克/千克，9天后肝脏中的残留量小于100微克/千克。

应对措施：选用其他替代药物，如土霉素、四环素等药物替代红霉素防治龟鳖白斑病、烂脖子病、疖疮病等。

（2）**环丙沙星**　环丙沙星主要用于防治龟鳖的细菌性肠炎病。人体长时间低量摄入环丙沙星，会导致对所有喹诺酮类抗生素产生耐药性，为我国禁用渔药。有关环丙沙星在水产动物体内的代谢和残留基础研究报道主要集中在鱼、虾，在中华鳖未见报道，因此需加强基础研究。

应对措施：用土霉素、氟苯尼考、大蒜素粉等药物防治中华鳖细菌性肠炎病。

（3）**孔雀石绿**　孔雀石绿用于防治水霉病和白斑病。孔雀石绿中的官能团三苯甲基可引致肝癌。因此，孔雀石绿被国际癌症研究机构（international agency for research on cancer，IARC）列为第2类致癌物。孔雀石绿进入机体后，通过生物转化，被还原成脂溶性的隐性孔雀石绿，在肌肉组织中主要以隐性孔雀石绿形式残留，残留时间为1个月甚至几个月。2005年，重庆市执法部门在某水产交易市场查获600多只含有孔雀石绿的中华鳖。浙江嘉兴地区2006年上半年抽查10批次中华鳖，4批次孔雀石绿阳性，结果被我国台湾《大公报》刊登，引起社会关注。但目前缺乏孔雀石绿在中华鳖体内的代谢研究基础数据。

应对措施：①严禁孔雀石绿在中华鳖养殖过程中使用。②开展残留动态监测。③如发现违法应用或残留检出，在重新上市销售前必须再次进行残留检测，以确保安全可靠。④加强孔雀石绿在中华鳖体内的药物代谢动力学基础研究。⑤可用食盐、亚甲基蓝替代防治水霉病和白斑病。

（4）**氯霉素**　氯霉素用于防治中华鳖出血性败血症和各种皮肤病菌，其抑制骨髓造血功能，引起再生障碍性贫血，还可引起肠道菌群失调及抑制抗体形成。氯霉素在水产动物体内的消除较慢，维持有效浓度的时间较长，残留较严重，其中以肾脏和肝脏组织中残留最明显。2002年因在我国虾仁等动物源性食品中检出氯霉素，欧盟禁止从我国进口肉源性动物食品。目前浙江省在监测中仍偶有发现中华鳖氯霉素残留超标现象。

应对措施：①严禁氯霉素的使用。②如发现违法应用或残留检出，产品应销毁。③开展氯霉素在中华鳖体内代谢动力学研究，获得药物残留基础数据信息。④可用四环素、青霉素、卡那霉素等替代防治出血性败血病和腐皮病。

（5）**硝基呋喃类药物**　硝基呋喃类药物主要用于防治烂脖子病、腐皮病、疖疮病等细菌性疾病。硝基呋喃类药物原药代谢快，其代谢物可在动物体内长期存在，可引起溶血性贫血、多发性神经炎、眼部损害和急性肝坏死等疾病。呋喃它酮为强致癌性药物，呋喃唑酮具中等强度致癌性。2006 年多宝鱼硝基呋喃类检出事件，导致多宝鱼养殖业几乎消失。南美白对虾硝基呋喃类残留检出，导致 2008 年 16 批次输日对虾中有 8 批次被扣。有关硝基呋喃类药物在水产动物体内的研究基础数据较少，朱秋华和钱国英（2001）报道了呋喃唑酮在中华鳖体内的残留规律，但由于其未对呋喃唑酮代谢物进行检测，因此无法提供相关数据支撑。目前中华鳖质量安全监控中发现的该类药物主要是 AOZ 和 SEM，偶尔发现呋喃它酮代谢物。

应对措施：①严禁硝基呋喃类药物的使用。②开展残留动态监测。③严格监管和执法。④如发现检出，在重新上市销售前必须再次进行代谢物残留检测，以确保安全可靠。⑤加强硝基呋喃类药物在中华鳖体内的药物代谢动力学基础研究。⑥可用金霉素、土霉素等理疗细菌性疾病。

2. 不合理使用限用药物

现在人用的抗菌药也用在动物上，导致耐药基因的恶性传播。如氟喹诺酮类药物是人医临床的主要抗菌药，但很快被批准在动物临床使用，结果使耐药基因的宿主范围扩大。我国龟鳖养殖中常用药物种类较多，有近 30 种。一些养殖者为追求药物的使用效果，往往直接使用原药或使用人用药物，如庆大霉素、利福平、利巴韦林、头孢拉啶等，同时大幅度提高用药量，或用抗生素作为预防药物大剂量进行全池泼洒等。这些人用药物的使用会导致环境中和中华鳖体内产生耐药菌，从而影响到消费者。

（1）**危害**　耐药性的产生使常用药物的药效越来越低，使用标准的给药剂量已经不能起到防病治病的作用，必须不断加大剂量才能有效，因而导致病程延长，药费增加，还可能引发并发症，导致死亡率升高，有的病菌甚至由于耐药性的作用增强了致病性，导致疾病大规模流行，给龟鳖养殖业生产造成直接的经济损失。此外，服用抗菌药后，某些药物会以原型或代谢物形式主要经粪便、代谢物等排泄到土壤、水、大气中，造成环境污染，使环境中的耐药菌株成倍增加，一些抗菌药能稳定地保存很长一段时间，使环境中的细菌和寄生虫产生耐药性，使人群处在耐药菌株引起的感染危险之中。

（2）**应对措施** ①准确诊断，做到对症用药，科学合理使用药物，做到不用原药，不用抗生素全池泼洒，不用人用药。②改善养殖管理，如改善养殖设施、控制放养密度、选用优质种苗等，减少药物使用。③开发不使用抗菌药物来治疗病原感染的新技术，如开发天然抵抗感染的抗微生物肽、中药抗炎制剂等。④适时监测水体病原菌对各种抗菌药物的敏感性，及时了解致病菌耐药性的变化趋势，从而建立耐药监测系统。

3. 缺乏休药期制度

在我国中华鳖养殖常用药物中，对药物的药理药代研究得并不多，有报道的只有磺胺嘧啶、诺氟沙星、磺胺甲基异噁唑，氟苯尼考等几种。由于研究滞后，无法制定较为合理的休药期，如在中华鳖养殖常用药物中，《无公害食品 渔用药物使用准则》（NY 5071）有休药期规定的只有漂白粉等 9 种，通用休药期仅 5 种，其中日本肯定列表豁免的占 4 种。

（1）**危害** 多数药物的休药期缺乏，使一些中华鳖产品尚处在药物有效期内就起捕上市。如日本厚生劳动省公布了 2007 年 3 月我国输日的中华鳖粉存在恩诺沙星超标，浓度为 0.27 毫克/千克，给我国出口企业造成较大的经济损失。

（2）**应对措施** ①加强基础研究，特别是对常用的恩诺沙星、先锋霉素、强力霉素等的药物代谢动力学研究，获得相关代谢数据。②设定常用药物的休药期，以指导生产。

4. 中草药中含有抗生素

中草药作为目前健康养殖中推荐的主要防病药物，有无毒副作用、无残留、无污染及不产生耐药性等优点而成为传统饲料添加剂的替代品，且日益受到人们的重视。中华鳖病害防治过程中，常用的中草药有大黄、黄柏、黄芩、甘草、五倍子、苦参、板蓝根、金银花、马齿苋、鱼腥草、虎杖、蒲公英等。但渔用中草药本身的质量安全至今未受到重视，造成中华鳖产品的质量安全隐患。

（1）**危害**　浙江萧山某中华鳖出口企业，在中华鳖养殖全程未使用过恩诺沙星，但在出口前筛查时发现产品中存在该抗生素，该池产品约 2 吨都无法按时出口。通过对苗种、饲料、水质、渔药等进行化验，发现其使用的中草药（板蓝根散）存在该抗生素。

（2）**应对措施**　①开展市售渔用中草药的质量安全排查，重点对其有无抗生素进行检测。②及时通报渔用中草药的质量安全情况，引导规范市场。

（二）饲料引起的质量安全隐患

1. 饲料质量安全指标

饲料质量好坏直接影响龟鳖质量安全。我国在渔用配合饲料质量安全方面出台了《无公害食品　渔用配合饲料安全限量》（NY 5072），规定了铅、多氯联苯、沙门菌等 17 个安全质量指标；在《中华鳖配合饲料》（SC/T 1047）规定了铅、汞、细菌总数等 11 个安全质量指标。

2. 不安全饲料的危害性

不安全饲料的危害性主要体现在：①危害人类健康。②药物残留超标，给养殖户带来经济损失。③长期在饲料中过量使用抗生素，特别是人畜共用的抗生素，由于致病菌耐药性传递等问题，从而降低人体抵抗疾病的能力。④过量的有毒有害物质如铜、砷、铅、镉等，会通过排泄物进入水中和土壤，严重污染环境。⑤损害中华鳖免疫功能，使中华鳖抗病、抗应激能力下降，导致中华鳖病害增多，用药加大。

3. 主要隐患

目前对中华鳖饲料开展的监测不多，隐患较大。

(1) **违规添加化学品** 由于鱼粉短缺，特别是优质鱼粉供不应求和价格飙升等因素，一些饲料企业为降低成本，一方面减少鱼粉用量，同时又要达到相关饲料标准的规定指标，因而出现违法添加违禁化学品如三聚氰胺等安全问题。浙江省 2008 年抽检龟鳖饲料41 批次，其中有 2 批次三聚氰胺超标。研究表明，中华鳖摄食含有三聚氰胺的饲料后，可以在中华鳖体组织中沉积，在 (25±2)℃水温下肌肉中的三聚氰胺半衰期为 36.4 小时，建议休药期 10 天。目前使用较多的黄霉素，对其安全性还需进一步考证，欧盟已开始逐渐禁用。但我国至今尚未制定相关标准。

应对措施：①开展相关化学品在中华鳖体内残留研究。②进一步完善饲料标准研究，如黄霉素的检测。

(2) **重金属超标** 中华鳖饲料组分中的动物源蛋白比例高，根据《中华鳖配合饲料》(SC/T 1047) 要求，一般在 40%～46%。由于鱼粉是主要蛋白质源，因此中华鳖饲料中重金属超标的可能性会高于其他饲料。微量元素添加剂的原料多数来自混合型矿盐，其中也会有一定含量的重金属化合物，不排除原料中重金属含量高造成饲料重金属超标。福建省 2006 年 3 月至 2007 年 5 月进行的水产配合饲料抽检中，28 批次龟鳖饲料中有 14 批次镉含量大于 0.5毫克/千克，超标率达 50%。饲料重金属会在龟鳖体内富集，从而影响人类健康。

应对措施：积极开展中华鳖饲料中重金属的含量与分布及其和自然地理地质关系的研究，为绿色新产品生产基地的区域布局和专用饲料的选用提供科学依据，也为不同地区、不同饲料的安全使用和加工提供依据。

(3) **添加色素** 一般认为，中华鳖的外观体色微黄，体内脂肪颜色呈黄色为好。为此，一些饲料生产企业和养殖者违规使用化学着色剂，目前常用的有加丽素红、加丽素黄等，每吨饲料用量 2～3千克，这类着色剂对中华鳖产品质量影响如何至今尚未见过报道。

应对措施：①加强饲料中化学着色剂对中华鳖体内的残留研究。②建立相关检测标准。

（4）**微生物污染**　饲料及其原料在运输、储存、加工及销售过程中，由于保管不善，容易污染上各种霉菌、腐败菌及其毒素，主要有致病性细菌（如沙门菌、大肠杆菌等）、各种霉菌（如曲霉菌属、青霉属、镰刀菌属等）及其毒素、病毒。饲料霉变不仅会降低饲料的营养价值和适口性，更为严重的是能产生多种毒素，尤其以黄曲霉毒素 B_1 毒性最强，有很强的致畸、致癌性，急性中毒会引起中华鳖死亡，更多的是慢性中毒，毒素在体内蓄积，影响中华鳖的质量，危害人体健康。

应对措施：①改善中华鳖饲料及其原料的管理环境条件，防止饲料霉变。②开展中华鳖黄曲霉毒素、致病菌等残留的检测分析，确保产品质量安全。

（三）苗种问题引起的质量安全隐患

优质健壮的苗种可以减少病害的发生，苗种环节主要有如下隐患。

1. 苗种未经检疫

各地引进的中华鳖苗种，一般未经检疫而直接用于养殖，造成病害增多。有关鳖苗带菌的报道不少，如陈建辉等（2007）对来自我国台湾省的 2 批 87 个鳖卵进行卵内细菌检测，结果发现这些外观新鲜、卵壳完整无裂痕的鳖卵 98.85％携带常见的肠杆菌科细菌，多达 8 属 13 种。大多数卵携带 1～2 种细菌，最多可带 4 种细菌。这表明鳖卵存在卵内带菌现象，并具有带菌率高、菌种型别多、多重带菌等特点。所检出的 13 种细菌，除沙门菌外，多数为人类条件致病菌，可引起腹泻、食物中毒或肠道外感染。

应对措施：加强流通领域的中华鳖苗种质量检测，重点加强中华鳖卵及苗种的入境检疫，尽可能降低风险。

2. 苗种来源杂，种质退化，病害增多

我国中华鳖苗种生产量不大，2013 年全国稚鳖生产量约 7 亿

只。由于人工养殖发展迅猛，养殖所需的中华鳖苗种约30％需从境外引入。境外苗种来源主要是我国台湾省和东南亚国家，无论是鳖种苗或受精卵，不管其种质、产地来源、种群数量如何，皆可出售，再加上良种选育不规范，造成种质混杂和退化。据《中国水产养殖病害监测报告》统计，2006年监测到龟鳖病害27种，2007年增加到35种。据《浙江省水产养殖病害监测报告》统计，2006年监测到龟鳖病害16种，2008年达35种，病害种类有增加的趋势。不少疾病因苗种引进而流行，如中华鳖白底板病，20世纪90年代末，随我国台湾省鳖苗（种）引入而流行，至今还是主要病害之一，其流行广，危害大，一经传染，死亡率达50％以上。

应对措施：①加强中华鳖良种选育研究，选育出更多的优质良种。②建立中华鳖新品种规模化扩繁基地，提高中华鳖新品种的生产能力。③放养优质中华鳖苗种。

3. 稚幼鳖培育过程中体嫩、易伤、易发病，用药频繁

中华鳖生长速度存在一定的个体差异，不同大小个体之间存在相互撕咬现象，目前中华鳖养殖过程中往往进行分选，由于幼鳖体嫩，易伤，也容易发生继发感染，在培育过程中势必会使用一些药物。如2012年农业部水产苗种及投入品质量安全监测中发现有中华鳖苗种被检出孔雀石绿。有些药物的代谢产物会残留很长时间，如硝基呋喃类药物等，即使在幼体阶段使用，其代谢产物仍然可在成体中监测到。

应对措施：推广健康苗种培育模式，减少在苗种培育过程中的人工操作。

（四）养殖环境因素引起的质量安全隐患

中华鳖虽属于爬行动物，但主要栖息于水中。目前我国在中华鳖无公害产地认定和产品认证方面已有国家行业标准，但监测指标偏少。《无公害食品　淡水养殖用水水质》（NY 5051—2001）规定监测指标为17个，《农产品质量安全　无公害水产品产地环境要求》（GB/T 18707.4—2001）规定的底质土壤监测指标共9个。这些指标在这几年中华鳖无公害产地认定中，监测结果良好。但由于环境污染因子的多样性和复杂性以及不同的养殖模式，潜在的风险不能忽视。

1. 不同养殖模式的风险隐患

（1）**温室养殖水质污染**　温室养鳖是我国的主要养鳖模式之一，由于温室养鳖追求高产出，人为控温及高密度集约化养殖方式改变了中华鳖的自然生活习性，对水质控制要求十分严格。但高密度人工养殖投饲量大，残饵和排泄物大，对环境的污染程度较高，水质很难控制。密度高亦会使中华鳖之间抓伤、咬伤的几率增加，中华鳖更容易发病，用药概率增加。加上养殖废水排放不规范，极易导致温室养殖水质污染。在被污染的水环境中生产的中华鳖，不可避免地存在药残风险。

（2）**外塘养殖水环境污染**　由于人口增长和工业的发展，越来越多的生活和生产垃圾排入水体，这些垃圾多含有有毒、有害物质，导致水资源污染越来越严重。对于一些规模较小的养殖场，无法达到良好的农兽药残留控制的硬件环境。养殖用水中含有药物，中华鳖极易发生药物残留。还有些养殖场长期不清塘，池塘底泥淤积过多，导致翌年春季中华鳖活动后底泥泛起，引发池塘水质迅速恶化，导致中华鳖病害发生，用药增多。

（3）**两段法养殖转段过程中环境变化引起的病害频发**　两段法养殖中华鳖就是先采用温室进行培育，至翌年气候转暖时再在外塘进行养殖。由于温室水温基本稳定，而外塘水温昼夜变化大，极易引起疾病。加上转段放养操作过程中引起伤残，继发感染各种病害，导致用药增加，影响到产品质量。

2. 环境因素引起的质量安全隐患

由于中华鳖养殖模式多样，集约化程度较高，养殖用水主要来自天然水域，因此质量安全风险隐患不少。

（1）**致病菌**　鳖卵走私入境情况时有发生，鳖卵能够带菌，且带菌率高，带菌种类广，这些细菌就有可能通过鳖卵的流通环节进行传播，易造成孵化环境、养殖环境和家庭环境的污染，从而成为病菌储存和传播的场所。沙门菌、副溶血性弧菌、霍乱弧菌、金黄色葡萄球菌、大肠埃希菌等致病菌均可存在于养殖环境中，而中华鳖是两栖性水生动物，因此其产品质量易受环境中致病菌影响。珠海出入境检验检疫局霍乱中心 1999 年 9 月在 1 个月内 3 次从进口活中华鳖中检出 O139 群霍乱弧菌；2002 年 10 月中下旬重庆市万州区发生了一起 O139 群霍乱暴发流行，人群感染菌型与市场销售的活中华鳖体表检出的菌型相一致；2006 年 5 月 1—8 日，江西省宜春市和新余市发生霍乱病例 17 例，疫情的发生与食用被霍乱弧菌污染的中华鳖和牛蛙水产品有关。

应对措施：①开展中华鳖养殖环境及产品致病菌监测。②做好鳖卵（苗）入场后放养前的苗种及养殖环境的消毒工作，切断细菌传播途径。③做好中华鳖产品的食用指导，建议煮熟后食用。

（2）药残问题 在中华鳖病害防治过程中违规使用抗生素等药物进行水体泼洒，这些药物分解产物的残留时间较长，药物使环境中细菌耐药性增强。

应对措施：①科学合理用药，严格禁止违法违规用药，尽可能避免使用全池泼洒给药方式。②改善养殖环境，保持中华鳖良好的栖息环境，减少病害的发生。

（3）化工类污染物 监测指标少。化工有机污染物是环境污染的主要因子之一，如多环芳烃、苯并芘等，这些污染物大都具有致癌作用。如工业电器设备的绝缘油、塑料和橡胶的软化剂等均使用多氯联苯（PCBs），含多氯联苯固体废物的燃烧以及生活污水、工业废水的挥发等造成渔业环境污染，通过食物链进入中华鳖体内。因多氯联苯具有亲脂性，主要蓄积在脂肪组织及各脏器中，会对中华鳖质量产生影响。

应对措施：①选择适宜的场所建设中华鳖养殖场，远离工业区和生活区。②加大环境治理，减少化工污染物的排放。③做好水源净化处理。

（4）农药问题 我国使用的农药种类较多，使用量大、面广。不适当地长期和大量使用农药，可使环境和饲料受到污染，破坏生态平衡，对动物和人类健康造成危害。农药按其化学成分可分为有机磷制剂、有机氯制剂、有机氮制剂、氨基甲酸酯类、拟除虫菊酯类和砷制剂、汞制剂等。大部分农药化学性质稳定，不易分解，在环境中的残留期长，可在动物和植物体内长期蓄积，通过食物链对人体产生中毒效应。在无公害产地环境认定中，监测的农药指标只有马拉硫磷等 5 种，不足以反映农药对水质和产地污染的总体情况。

应对措施：①寻找农药污染源，控制其危害。②进行水源农药残留监控，特别是在农药使用季节。

三、中华鳖产品质量安全监管对策建议

(一) 进一步完善质量安全标准体系

近几年来，我国加大了水产标准体系的建设并取得了显著成效。据不完全统计，我国国家、行业及地方三级制订的中华鳖类标准约有 30 个，但是从消除隐患，保障安全需要出发还远远不够。

1. 开展质量安全调查摸底、进一步完善质量安全标准体系

当前我国中华鳖养殖过程中可能涉及的药物近 30 种，加上农药及违禁药物和化合物、环境因素等不安全因素更多。根据现有标准，列入我国中华鳖质量安全进行监测的指标只有 16 个，一些风险较大、还在使用的常用药或违禁药物都未列出最大残留限量（MRLs），也未进行监控。当前欧盟和日本对药残监控日趋严格，日本肯定列表制度虽然未对中华鳖明确监测指标，但对水产品的监控指标已达 50 种，我国商检部门对出口中华鳖的监控指标也达 45 种。因此，无论是国内消费还是出口需要，当前中华鳖质量安全指标已远远不能反映质量整体状况，与监管需要相距甚远。

为尽快完善质量安全标准体系：①要开展现有中华鳖质量安全状况的本底调查和风险排查工作，全面了解中华鳖质量安全现状。②加强对药物最大残留限量的研究。对于一些指标缺乏研究而又需

要设定时，可参考日本肯定列表制度的做法，采用"一律标准"，即 0.01 毫克/千克。③统一质量安全标准。中华鳖质量安全是水产品质量安全的一部分，应将质量安全标准归在整个质量安全标准框架之下。

2. 加强相关检测技术的研究

为适应质量安全监管的需要，必须进一步强化残留检测技术的研究，重点开展痕量及超痕量检测、快速检测和多组分检测技术等。

（二）大力推广标准化养殖，强化养殖过程的质量安全控制

中华鳖生产从苗种到成品上市，经过许多环节，我国及地方标准有 20 余个对这些养殖环节进行规范。目前要着重突出以下几个方面。

1. 科学合理用药，严格禁止违法违规用药

中华鳖养殖用药应根据《无公害食品　渔用药用使用准则》（NY 5071）、《无公害食品　中华鳖养殖技术规范》（NY/T 5067）等标准进行科学合理用药，在选择药物药量、使用方法等方面按规范要求执行，禁止直接使用原药、人用药物、违禁药等。当前特别要关注抗生素全池泼洒等对环境带来的影响以及在鳖饲料中添加抗生素及违规化学品带来的危害。

2. 改善养殖环境

通过改善温室透光条件，增设底部增氧设施，对养鳖池实施标准化改造等改善养殖环境的手段，结合应用水质、底质改良剂改善水质，保持中华鳖良好的栖息环境，减少病害的发生。

3. 推广健康养殖模式

在中华鳖养殖模式中，外塘生态养殖，稻、鳖共生，鱼、虾、鳖混养等模式在全国各地发展较快，特别是稻、鳖共生，既可收获水稻，又可收获中华鳖，且减少农药和化肥的使用，提高农产品的质量安全，实现一地两收，增加农民收入，经济效益、生态效益和社会效益显著。

4. 放养优质苗种

我国已出台中华鳖国家标准，选育放养的苗种应符合这一标准。同时，我国现已有2个新选育的中华鳖新品种，即中华鳖日本品系和清溪乌鳖，具有生长快、抗病力强的良好性状，特别是中华鳖日本品系适宜推广到全国各养鳖区。

（三）切实加强质量安全监管

1. 强化责任主体

明确养殖业主为产品质量安全责任主体，引导其进行自我检查、自觉采用标准，发现隐患及时采取措施，变被管理者成为主要参与者，对于我国分散养殖的中华鳖质量控制具有重要作用。

2. 积极推进市场准入和产品溯源制度

市场准入是产品流入消费的最后关卡，也是质量监管的关键。我国虽有一些地方已经开始实行市场准入制度，但尚未整体推进，多数养殖者还无商标注册、无记录等，大量的中华鳖产品还是直接上市销售。追溯制度的缺乏使在市场监督抽样中发现的超标样品无法追溯到产地及业主。利用市场准入制度可以形成倒逼机制，迫使生产者生产合格产品。近年来发生的"多宝鱼事件"等充分说明了市场机制对质量安全提升的作用。产品可追溯是市场准入制度的基础，我国目前在这一方面已有一些工作基础，据统计，全国中华鳖注册商标已达200余个，一些养殖业主、企业已开始标识包装上市。

3. 进一步加大监测力度

近年来中华鳖产品虽列入国家监控计划，但是监测力度远远不够，与当前中华鳖产业质量安全实际需求相距甚远。①批次少。中华鳖产业作为我国主要的水产养殖品种之一，产量超30万吨，但每年政府质量安全抽检批次不超过1 000批次。②监测的指标少。监控中指标主要是集中在氯霉素、硝基呋喃类代谢物、孔雀石绿、乙烯雌酚等4～5种药残，其他未涉及。③最大残留限量要求低。在抽检的这些指标中，制定的最大残留限量要求较低，如氯霉素，我国判断标准为 0.3 微克/千克，而欧盟为 0.1 微克/千克。

4. 加大执法力度

根据《中华人民共和国农产品质量安全法》等相关法律法规，对违规用药及抽检中药残超标的事件应发现一件，处理一件。

第三节 中华鳖加工产品的开发

我国龟鳖文化历史悠久，鳖作为动物健康长寿的象征和滋补强身的珍品，一直为人们所推崇。现代科学检测表明，中华鳖富含蛋白质、人体必需氨基酸、二十碳五烯酸（EPA）、二十二碳六烯酸（DHA）、微量元素和 B 族维生素、叶酸等活性物质，不仅是美味佳肴、席上珍品，而且全身皆可入药。它具有提高人体免疫力、促进血管末梢循环，提高内脏活动能力，促进新陈代谢、增强抗病能力、养颜美容并延缓衰老等功效。

随着中华鳖养殖业快速发展，养殖规模不断扩大，单一地作为名菜简单食用既严重制约了中华鳖的生产发展，又未能充分利用中华鳖全身油、壳、骨等所含的营养药用价值，迫切需要加大开展中华鳖深加工及综合利用的研究，提高其产品附加值，增加养殖户的收入，规避市场的风险。近年来其加工产品陆续面市，主要有冻干粉、中华鳖酒、饮料、多肽产品和即食产品等多种形式，这些产品既全面保留中华鳖的营养价值，又方便消费者食用，而且提取浓缩其生理活性物质，成为深受百姓喜爱的保健产品。

一、冻干粉

目前市场上中华鳖精、保健胶囊、龟鳖丸等商品，是将中华鳖冷冻后碾磨成细粉，制成一类冻干粉产品。

（一）中华鳖精

1. 具体工艺

先将中华鳖清洗消毒，然后使用低温（4 ℃）将中华鳖冷藏，在低温条件下解剖中华鳖，剔除内脏，取出脂肪，接着将中华鳖缓慢升温干燥，经过 0 ℃、80 ℃、100 ℃及 120 ℃，最后将中华鳖研磨成粉状，经过灭菌、真空包装后得到中华鳖粉之半成品。

将所取出的中华鳖脂肪经过搅拌、热浓缩、滤除油渣、冬化处理、充填氮气等制程后，得到中华鳖油之半成品。以 60%的中华鳖油与 40%的中华鳖粉混合搅拌，以软胶囊包装，即成为中华鳖精产品。

2. 工艺特点

采用低温解剖中华鳖，其体内不会产生酸性有毒乳酸分泌物；阶梯干燥加工制程可以完全驱除中华鳖体内的水分，而且可以保有中华鳖原体的品质，组织覆水性良好，食用后容易消化。

（二）中华鳖保健胶囊

以中华鳖粉为主原料，配伍二十二碳六烯酸微胶囊、银杏叶提取物与乳酸锌，经中华鳖冷冻磨粉、提取纯化中华鳖油中的二十二碳六烯酸并微胶囊化、各组分按比例混配及填充胶囊等加工工艺制备而成。该产品具有提高人体免疫力与改善记忆力双重功能。具体工艺如下。

1. 制备冻干粉

将活中华鳖清洗，宰杀，剖腹，去内脏，切成块在－198 ℃低温中冷冻并粉碎后，再进行冷冻干燥至水分不大于 5%。

2. 提取二十二碳六烯酸

将真空脱水的中华鳖油和无水乙醇及氢氧化钠按一定重量体积比称量备料，先把脱水中华鳖油加热至 50～75 ℃，在搅拌下缓慢加入无水乙醇和氢氧化钠，在恒温下反应 1～4 小时，然后用 15%的食盐水洗涤，得到中华鳖油乙酯，将其放入－20 ℃冰箱中过夜，过滤、除去沉淀，即为二十二碳六烯酸提取物。

3. 纯化二十二碳六烯酸

将尿素溶于无水乙醇至饱和溶液，另将二十二碳六烯酸提取物与无水乙醇按体积比 1∶1 混合，两种溶液分别加热到 70 ℃，按一定体积比将尿素-乙醇饱和液缓慢加入到二十二碳六烯酸提取物-乙醇溶液中，恒温下搅拌至溶液澄清，在室温下持续搅拌 2～5 小时，所得溶液放入－20 ℃冰箱中过夜，冷却结晶，离心得上清液，加10％盐酸至 pH 2～3，加适量水充分洗涤，除去尿素，分离有机相，水洗至中性，加无水硫酸钠脱水，蒸去溶剂，得二十二碳六烯酸纯品。

4. 制备二十二碳六烯酸微胶囊

以精制玉米蛋白质粉为胶囊，二十二碳六烯酸与精制玉米蛋白质粉按重量配比，先加入少量润湿精制玉米蛋白质粉，再加入二十二碳六烯酸和按总重量 1.5％～2.5％乳化剂，搅拌 研磨，－20 ℃冰箱中冷藏静置过夜，喷雾干燥，醚洗后得二十二碳六烯酸微胶囊。

最后，按比例将二十二碳六烯酸微胶囊、银杏叶提取物、乳酸锌加入到中华鳖粉中，混合均匀。混合物灌入药用明胶硬胶囊，抛光机抛光，检验合格后包装。

（三）中华鳖胚胎素

中华鳖胚胎素是将中华鳖胚胎予以筛选后再经高温干燥研磨成粉末原料制成的一种营养食品。具体工艺是：挑选良好中华鳖胚胎，并以天然的方法将受孕的胚胎孕育成形，再挑选胚胎生命力旺盛与稳定的中华鳖卵为素材，将中华鳖卵胚胎素材洗净，晾干，以酒泡杀菌（酒精纯度为 30％～40％）1 周，再以阳光紫外线曝晒5 天左右，去除腥味及水分，接着以酒加入菌种发酵至完全适用为止，使有机质转化为多糖体，将中华鳖胚胎素取出高温烘干，予以研磨成粉末，制成胶囊或片剂。

二、多肽产品

国内已有研究报道，中华鳖酶解产物——低聚肽有辅助抑制肿瘤细胞生成或转移的作用，有助于治疗和预防癌症。多肽产品是以中华鳖为主要原料，通过酶解得到相对分子质量在

10 000以内的小分子肽（其中相对分子质量140～1 000的占50％以上）的一类保健食品，包括口服液和干粉等。具体工艺如下。

1. 蒸煮

选用鲜活中华鳖100千克，去除内脏和油脂，搅碎，加入1 000升纯水，100 ℃煎煮2小时。

2. 酶解

中华鳖冷却至60 ℃左右，按原料重量2％的比例加入碱性蛋白酶2千克，70 ℃恒温酶解3小时，再分别按原料中华鳖重量0.5％比例加入风味蛋白酶0.5千克，55 ℃进行恒温酶解30分钟，将得到的酶解液升温至100 ℃灭酶30分钟。

3. 过滤

将酶解液离心后过滤，上清液经过膜截留相对分子质量为100 000的空中超滤膜超滤，进口压力为180～250千帕，出口压力150～180千帕，酶解液温度20～30 ℃进行超滤分离，薄膜浓缩，喷雾干燥即得到14.6千克粉末低聚肽。若将粉末加入345升纯水，可以配制成中华鳖肽口服液。

其工艺特点是，选用不同酶解条件，包括不同的酶种类和酶解温度等，可以获得不同相对分子质量范围的肽类产物，其生理活性与相对分子质量范围有关。低聚肽有较高的营养价值，吸收率高，可以作为辅助治疗药物和保健食品。

三、即食产品

（一）糟中华鳖

以中华鳖为原料，采用快速蒸煮方式蒸熟中华鳖块，然后盐渍、干燥、糟制的一种营养损失少、酒糟味浓郁、嚼劲较佳的中华鳖制品。具体工艺如下。

1. 蒸煮

将中华鳖清洗干净、宰杀去头，放入的食盐质量百分含量为

1％～2％、温度为 110 ℃左右的热食盐水中烫漂 15～20 秒，取出立即用冷水冲洗，冲洗的同时洗刷去除中华鳖皮膜。将去皮膜中华鳖去内脏、洗净，切成长、宽为 2～4 厘米的中华鳖块，放入沸水蒸笼中蒸煮 20～30 分钟。

2. 盐渍

蒸煮完毕，中华鳖块均匀涂抹食盐，食盐的重量是中华鳖块重量的 2％～5％，然后在 0～5 ℃下静置渗透 3～4 小时。

3. 干燥

将盐渍中华鳖块放置于冷风臭氧干燥箱中干燥 4～5 小时，冷风温度 15～20 ℃，风速为 2～3 米/秒，臭氧浓度为 0.5～1.0 毫克/千克。

4. 糟制

将风干中华鳖块用陈香糟在 0～4 ℃条件下密封糟制 7 天，一层风干中华鳖块一层陈香糟依次叠放，风干中华鳖块层厚度为15～20 厘米，陈香糟层的厚度为 1～2 厘米，所述陈香糟为加工 50°以上白酒的酒糟。

其工艺特点是：用热食盐水烫漂、快速蒸煮、冷风干燥等方式，保持中华鳖原有的营养成分。风干中华鳖块控制水分含量为65％～70％，使糟制中华鳖块嚼劲较佳；采用陈香酒糟糟制，不仅去腥味效果好，而且制品酒香浓郁。糟制中华鳖真空包装在没有任何添加剂的情况下，可以保存 90 天左右，是一种食用方便、风味独特的即食中华鳖制品。

（二）中华鳖罐头

中华鳖是中华药膳主要原料之一，将其与人参、当归、枸杞、沙苑子、莲子等按比例配料，调味炖煮，然后封入罐头，制成罐头食品。具体工艺如下。

1. 宰杀

将活中华鳖经宰杀放血、清洗、烫制、凉水浸泡，去除表皮、开膛取出内脏，在清水内浸泡。

2. 准备配料

配料包括人参、当归、枸杞、沙苑子，其中人参、当归切片。

3. 炖煮

中华鳖切块，放入锅内，加入水，加入葱、姜、料酒炖煮；上述配料放入锅中根据需要分别炖煮。所述配料的重量份数大致为：甲鱼 100 份，人参 5～7 份，当归 5～7 份，枸杞 3～5 份，沙苑子 3～5 份，莲子 4～6 份。

4. 装罐

中华鳖炖煮至 7 成熟时，加入食盐；炖煮至 8 成熟，将中华鳖、配料及汤放入罐头器皿，真空包装，封盖；高温杀菌，冷却。

该产品保存时间长，食用方便，打开罐头后加热即可食用，解决了人们为了食用中华鳖而费时费力亲自烹饪的困难；同时依据配方科学烹饪，既保留了中华鳖的美味，又提供了滋补保健的功能，为食用者带来双重功效。

（三）酱板手撕中华鳖

将中华鳖通过选料、解剖、腌制、晾晒，加入各种不同香辛料以及配料进行卤制，用烤箱进行烘烤脱水处理以使其硬化，真空包装，杀菌，包装成具有酱板的风味特点即食食品。具体工艺如下。

1. 宰杀清洗

采用新鲜的生态中华鳖，用 50 ℃ 热水除去外表层粗皮，解剖，去除内脏，清洗至无血水流出。

2. 腌制晾晒

将解剖并洗净的中华鳖用精盐腌制并放置在一旁待用；将腌制好的中华鳖取出洗净，并挂起进入密封的网罩内晒干或烘干。

3. 药汤卤制

以中华鳖为主料，每 200 千克主料与 1 副卤药混合。其中卤药成分包括：白蔻 30 克、草果 42 克、丁香 30 克、草蔻 56 克、香叶 260 克、毛草 26 克、白芷 42 克、良姜 30 克、辛夷 26 克、甘松 16 克、枳壳 16 克、当归 58 克、陈皮 30 克、红蔻 30 克、砂仁 42 克、桂枝 58 克、黄枝 30 克、血藤 58 克、三奈 42 克、荜拨 42 克、母丁香 30 克、山楂 42 克、柏子仁 30 克、小茴 58 克、兰香子 30 克、甘草 58 克、党参 39 克、花椒 400 克、八角 300 克、孜然 200 克、桂皮 500 克，另外，每 200 千克主料还需选取：生姜 500 克、干辣椒 2 000 克、食用油 4 000~5 000 克、味精 300 克、白糖 2 000~3 000 克、肉骨 2 500 克、麦芽 50 克、浓缩香精 100 克、乙基麦芽酚 100 克、美味奇魔膏 1 000 克、卤味增香膏 1 000 克、卤菜浓缩汁 200 克和红曲红色素 60 克，将所有选取的配料放入锅中熬煮成卤汤，然后把主料生态中华鳖放入卤汤中进行卤制。

4. 烘烤

卤制完成后，将中华鳖放入 60~70 ℃的烘箱内烘烤 10 分钟，使其脱水，硬化。

5. 包装和杀菌

将烘烤后中华鳖进行真空包装；通过 121 ℃高温杀菌并冷却；最后将制成品移入阴凉干燥处储藏。

四、其他

（一）速冻中华鳖

采用中华鳖活体为原料，将其宰杀后，经去膜、开背、除内脏和油脂、清洗，采用复合盐溶液脱脂、去腥处理，漂洗沥干后用食品抗冻剂、保水剂及抗氧化剂进行中华鳖肉质处理，最后真空包装速冻。在−18 ℃以下的环境中进行冷冻保藏，不但解决了中华鳖买后宰杀难的问题，而且全年四季都可以上市。具体工艺如下。

1. 宰杀

选择 3~5 年外塘养殖的活的中华鳖为原料，要求无病害、符合无公害要求；中华鳖活体采用割颈宰杀放血，热水浸烫后，手工去掉表面一层外膜，腹部"十"字形开肚或背部圆形开背，清除所有内脏和油脂，剪掉所有趾甲，用自来水进行清洗。逐个检查，及时发现未处理完全的中华鳖，进行再处理。

2. 脱脂去腥

采用复合盐溶液脱脂、去腥处理，复合盐溶液与中华鳖重量按比例（1～1.5）∶1浸泡30～45分钟；然后利用清水漂洗，即采用流动水15分钟或2倍中华鳖重量的清水浸泡30分钟，期间进行2～3次的搅动；所述的复合盐溶液重量配比为0.27%的碳酸氢钠、1.0%的食盐，其余为蒸馏水。

3. 肉质处理

沥水后利用水再进行30分钟的漂洗，沥干，然后用食品抗冻剂、保水剂（磷酸盐）及抗氧化剂（食品抗氧化剂异VC钠）进行中华鳖肉质处理，三者的加入的重量比为5∶1∶2；将中华鳖置于三者混合溶液浸泡30～45分钟，其中混合溶液与中华鳖的重量比例为（1～1.5）∶1；期间进行2～3次的搅动，然后沥水。

4. 真空包装速冻

中心温度快速达到-18℃以下进行速冻；在-18℃以下的环境中进行冷冻保藏，即为成品。

（二）中华鳖酒

以中华鳖为主要原料，加入谷物和中药材为原料蒸熟后加入酒曲或酵母，恒温、密闭发酵，蒸馏出原酒，是一种全原料发酵酿制而成的中华鳖酒精饮料。由于采用恒温密闭二次发酵工艺，大大提高了中华鳖酒中营养成分含量。其酒体清澈透明，酒味芳香醇厚，口感宜人，为高档滋补佳酒。

具体工艺如下：将中华鳖宰杀清洗和高粱、小米、黍子、稻糠等谷物等原料，用100℃蒸汽蒸熟。原料中中华鳖以重量计为3～14份，谷物及稻糠以重量计占6～17份。各类谷物及稻糠可均用或选用，相互比例不限。加热蒸熟后冷却至20℃，加酒曲或酵母，密闭发酵分两次蒸馏出中华鳖酒原酒。第1次加入酵母，发酵恒温18～20℃，时间3～4天；第2次再加入酵母，发酵恒温38～45℃，时间3～4天可以蒸馏出甲鱼酒。每次发酵添加的酒曲或酵母以重量计为原料总量的0.5%～1.5%。为增强中华鳖酒的营养功能，在原料中按重量计加入枸杞等中草药材 2～8 份。

第四节　品牌与市场营销

随着我国渔业建设的迅猛发展，水产品市场的竞争越来越激烈。养殖风险及市场风险是一把双刃剑，面对目前中华鳖市场的激烈竞争，养殖企业要想在当前的竞争环境中求得生存和发展，单纯依靠养殖产品扩大生产规模及价格优势等初级竞争手段越来越被证明是不行的，产品品牌的竞争已成为市场竞争最主要的方式之一。品牌建设是优化渔业结构的有效途径，是全面提升渔业发展水平的重要手段，是实现渔业增效、渔农民增收的重要举措。只有实施品牌战略，才能增强产品的市场竞争力，从而推动产业经济健康可持续发展。

一、品牌建设

作为全国最大的中华鳖养殖省份，浙江省在推进现代渔业建设过程中大力发展生态渔业、高效渔业、品牌渔业，始终把提高水产品质量安全水平，打造渔业品牌放在突出的位置，积极开展"三品一标"认证等工作，大力推广健康生态养殖技术，有效地推动了中华鳖品牌的创建和发展。

无公害产品是指源于良好的养殖生态环境，按无公害中华鳖养殖生产技术操作规程生产，从苗种的生产放养，到饲料、肥料、药品等一切投入品的使用，再到产品的捕捞、包装、储运、上市等各个环节，将有毒有害物质残留量控制在质量安全允许范围内的产品。自 2002 年我国出台《无公害食品　中华鳖养殖技术规范》（NY/T 5067—2002）标准以来，我国就启动了中华鳖无公害产品认证工作。

绿色产品是指无污染、优质、营养食品，经国家绿色食品发展中心认可，许可使用绿色食品商标的产品。由于与环境保护有关的事物和我国通常都冠以"绿色"，为了更加突出这类食品出自良好的生态环境，因此称为绿色食品。2006年我国出台了《绿色食品　龟鳖类》（NY/T 1050—2006）标准以来，浙江湖州德清县"下渚湖"牌甲鱼、安徽旌德"旌川"梅花鳖、广东中山市"甲冠园"牌甲鱼、山东省临清市"黄运"牌丁马甲鱼等一批产品经中国绿色食品发展中心审核，符合中国绿色食品A级标准，被认定为中国绿色食品。

有机产品是指根据有机农业原则，生产过程绝对禁止使用人工合成的农药、化肥、色素等化学物质和采用对环境无害的方式生产，销售过程受专业认证机构全程监控，通过独立认证机构认证并颁发证书，销售总量受控制的一类真正纯天然、高品位、高质量的食品。同绿色、无公害食品相比，它的认证标准要求更高。杭州"千岛湖""龚老汉""彪"牌，余姚"明凤""冷江"，湖州"清溪"，嘉善"龙洲"，衢州"山溪"，诸暨"河圣"等品牌均通过国家有机食品认证。

地理标志证明商标是用于商品上的具有特殊地理来源和与原产地相关的品质或声誉的标记，也是目前国际上保护特色产品的通行做法。目前浙江湖州德清、宁波余姚、杭州萧山、湖南汉寿、河南潢川、山东鱼台等获得中华鳖地理标志产品保护。

良好的生产地是特色农产品和传统产业拓展市场、走市场化经营之路的一块"金字招牌"，蕴含着巨大的经济潜能和市场竞争力，对农业经济的拉动作用是其他农副产品商标无法比拟的。"中得"中华鳖是最早进行品牌宣传的，由于其先发优势，一度在市场上形成一枝独秀、产品供不应求的局面。据了解，目前浙江省已注册的中华鳖商标100余个，品牌中华鳖的售价一般要比无品牌的要高出20%～80%，有的甚至高出几倍、十几倍。知名品牌带来的社会效益和经济效益使浙江中华鳖品牌的创建形成了良性循环。

二、市场信息的收集和利用

市场经济时代，农副产品市场信息工作的重要性越来越突出。市场所发布的信息情况，不仅为各级政府正确决策提供必要的依据，也为渔农民按照市场需求组织农业生产提供了有效的指导。因此，搞好信息工作，利用信息杠杆服务供需双方，不仅有利于搞活市场，而且便商利民。目前全国水产技术推广体系已开展了包括中华鳖在内的水产养殖渔情信息动态采集工作，采集的内容包括养殖场基本信息、苗种放养、投入品使用、产品销售、塘边交易价格等信息。中国水产品流通与加工协会开展了包括中华鳖在内的水产品市场信息采集工作，采集了不同季节不同雌雄规格的市场价格。此外，中国渔业协会成立了龟鳖产业分会，浙江、广东等地还成立了各类养鳖协会，收集和利用各类有关中华鳖的市场信息，及时为会员提供服务。

三、市场营销策略

1. 超市柜台营销

消费者对超市生鲜的信任度较高，卫生、安全和产品质量的保证，加上良好的购物环境以及商品组合集成的提高，满足了消费者的方便快捷一次性购足的购物需求。各家品牌中华鳖柜台紧挨在一起，可以为消费者提供比较选择的余地，通过竞争促进高品质的保障。因此，目前不少品牌中华鳖企业都采用超市设置中华鳖专卖柜台线下销售模式，为消费者提供质量安全保障。

2. 专卖店会员制营销

所谓的会员制销售模式，就是喜欢品牌产品的省范围内客户，采用一次性订购优惠的方式进行营销。如浙江清溪鳖业有限公司以优质的产品品质及合理的价格，为客户提供个性化、差别化、有特色、高效率的服务。稻、鳖共生模式生产出的大米，凡会员向该公司订购1年的大米，每个月15千克，订购价将实施非常优惠的办法，原价2 800元的普通包装清溪大米只需2 000元就可以订到，每500克折合不到6元。原价3 680元的大米礼品包装只需2 880元可以订到，每500克折合8元。目前该公司仅杭州专卖店就有14家，物美价廉的会员制销售新模式的推出，留住了消费者客户，并通过品牌诚信和后续跟踪服务等，口碑相传，进一步扩大了消费群体。

3. 网络营销

近年来，随着移动互联网技术的飞速发展，移动互联网也在为各行业提供新的信息交流模式，如今更是成为各个行业重点关注的领域，各传统行业的 APP 线上发展既是预料之中，也为行业带来新的发展机遇。借助移动互联网展开的营销新模式不仅能够为企业挖掘到更多潜在客户和市场，还能够更大范围地进行企业形象宣传和口碑塑造。这比以前传统的投放广告宣传要来得更为有力也更省成本。如余姚冷江鳖业有限公司依托科技力量，运用全新科学的生态养殖方式，运用现代运营企业管理的模式，使企业在经济效益和社会效益等多方面取得了长足的发展。该公司 2010 年 10 月在淘宝网上注册了一家网店，开始在网上销售中华鳖，走上了线下、线上两路并进的营销路子。目前该公司成立了网络销售部，在天猫商城、京东商城和"1 号店"等网站设立旗舰店，每天平均在网上销售中华鳖逾百只，而且好评率达 100%。该公司在网上销售成功后，也带动了江苏、河南、山东等地众多品牌中华鳖生产企业的网上销售。

四、产品经营实例

(一) 浙江清溪鳖业有限公司经营模式实例

浙江清溪鳖业有限公司坐落在山清水秀的莫干山麓江南水乡德清，交通十分便捷。该公司经过 10 余年的探索，凭借其优质的产品、良好的信誉不断发展，现已拥有 210 余公顷养殖基地，成为一家颇有规模的集农、工、科、贸于一体的湖州市市级重点骨干农业龙头企业。该公司主导产品清溪花（乌）鳖是浙江省绿色农产品，并获得了"浙江省名牌产品"称号，自 2002 年起连续被浙江省消费者协会列为唯一推荐的品牌中华鳖，现在清溪花（乌）鳖及其制品获国家原产地标记注册和 HACCP 体系认证，并通过了国家有机食品认证。清溪鳖业有限公司的主要做法如下。

1. 建设规模化养殖生产基地

根据中华鳖的生活习性，选择水源、土质和环境等条件适宜的太湖流域一带兴办养殖场。在130余公顷的主导园区内按照仿生态养殖的要求，营造中华鳖自然生长的生态环境，使用土池养殖，使中华鳖回归大自然，健康茁壮成长。

2. 选育中华鳖良种

该公司所养殖的中华鳖，其亲本均来自长江水系太湖流域一带，系正宗中华鳖。同时，从1994年开始着手清溪乌鳖的良种选育，2008年通过国家水产原种与良种审定委员会的新品种审定。该品种体色独特，具有良好的经济性状，且营养丰富，体内含有的锶、硒等成分高出普通鳖几倍至几十倍，市场价格远高于普通中华鳖，目前苗种供不应求。

3. 实行稻、鳖共生轮作和多品种立体混养

该公司推行的稻、鳖共生轮作模式目前已在全国推广，该模式在资源要素制约情况下，开展农作制度创新，成功破解渔粮矛盾，实现了既种植又养殖，既发展农业又发展渔业，既讲究渔粮产品数量又讲究食品质量安全，取得了多重效益，同时极大地激发了渔农民种粮积极性、主动性、创造性，每667米^{2}收获水稻500千克以上，中华鳖200千克以上，经济效益、生态效益和社会效益显著。此外，该公司采用以中华鳖为主，以鱼为辅的多品种混养，成鳖养殖池塘中套养20％左右的滤食性鱼类例如鲢、鳙等和少量食腐性鱼类，既可防止水质富营养化，且能增加一定的经济效益和生态效益。

4. 科学调配和投喂饲料

中华鳖是偏杂食的肉食性爬行动物，消化能力差，新陈代谢慢，使用过高营养成分的饲料，必然使其生长速度加快，肉质下降，甚至完全丧失原独特的口感风味。此外，目前普遍采用的粉状配合饲料容易散失造成环境污染，且需人工加工，用工量大，造成养殖成本上升。为此，该公司在中华鳖养殖过程中，完全按照我国农业部颁发的养殖环境、生产标准化等规定和标准操作，使用自主

研发生产的中华鳖专用膨化配合饲料，伴以螺、蝌蚪等动物性饵料，使中华鳖所摄取的食物成分接近天然，从而保证其原有质量。

5.采取综合防治病害措施

在中华鳖养殖过程中，该公司坚持以防为主，全程不使用抗生素、人工合成色素、激素，采用低密度放养、微生物制剂水质改良、种养结合等方式做好防病工作。

6.执行标准化生产

该公司参照我国农业部颁布的《无公害食品　中华鳖养殖技术规范》（NY/T 5067），结合生产实际，制定了自己企业的一套标准。该标准包括生产基地、饲养管理、病害防治、养成质量等方面，具有一定的科学性和可操作性。

7.“公司＋农户”的经营模式

为了帮助更多的农户致富，该公司推出了“公司＋农户”的经营模式。2001年成立了清溪花鳖专业合作社，为社员在产前、产中、产后提供系列化服务，包括统一供种、统一培训、统一包装、统一销售，并提供一系列技术咨询和技术指导。建设了占地26.67公顷的浙江省省级中华鳖良种繁育场，向德清8个乡镇的50多位农户发放了订单，向他们提供优良种鳖，并以每枚鳖卵3元的保护价回收，得到了农户们的积极响应。2007年又成立了一个清溪稻米专业合作社，社员以德清县的种粮大户为主。该合作社制定清溪大米生产的统一规程，要求社员按标准生产，此外还免费为社员提供机械化插秧和机械化收割、烘干服务。社员生产的大米由该合作社统一回收，包装销售，以高于市场30%的价格回收，每667米^{2}直接为农户增收350元。

8.门市部结合网上销售方式

通过中央电视台的《金土地》《致富经》《农民之友》《每日农经》《科技苑》等栏目对该公司的宣传报道，由其创建的“清溪”品牌在全国有一定的知名度。目前该公司已在全国10余个省份建立了门市部，采用会员制优惠方式销售清溪花鳖、清溪乌鳖、清溪大米等产品。此外，为与近年来互联网的发展趋势接轨，该公司也启动实施了网络销售方式。

（二）杭州龚老汉控股集团有限公司经营模式实例

龚老汉控股集团有限公司（原杭州金达龚老汉特种水产有限公司），位于杭州市萧山区东江围垦十一工段靖江垦区，成立于1995年，占地面积100余公顷，是一家集中华鳖良种繁育、生态养殖、产品直销及出口，饲料生产、精深加工、休闲观光于一体的浙江省农业科技企业、省级骨干农业龙头企业、国家级水产良种场。

1997年，该公司自日本引进中华鳖原种后，坚持进行中华鳖原种保种、良种选育、种苗规模化繁育生产和推广，引导广大养殖场户应用健康生态养殖技术模式，取得了显著的经济效益和社会效益。目前该公司投产及后备亲鳖近15万只。每年繁育"龚老汉"中华鳖优质种苗500余万只，每年培育鳖种150万只，养殖生产优质商品鳖650余吨，每年出口日本、韩国优质商品鳖达150余吨，实现产值超亿元，利润达千万元。10余年来，累计向社会提供中华鳖优质种苗5 000余万只，选培育良种近70余万只，年辐射养殖面积达1 330余公顷，新增利润4.8亿余元，并带动了浙江绍兴绿神、萧山跃腾、滨江晶星等一大批浙江省省级中华鳖良种场和养殖户，帮助广大养殖户实现了增产增收，从而推动了中华鳖良种良法的产业化和中华鳖养殖业的转型升级。

2009年，该公司在扩大良种繁育及生态养殖的同时，积极拓宽发展经营领域，建设了以弘扬龟鳖文化为主旨的大型农业休闲观光园。2010年，又与我国台湾加捷生物科技有限公司合资开展进行了中华鳖精深加工项目，引进其先进专利技术，每年生产中华鳖烘干粉60余吨，进一步拓宽了中华鳖行业发展空间，提高了抵御市场风险的能力。2012年该公司更名为龚老汉控股集团有限公司，实现了企业的跨越式发展。

"龚老汉"牌中华鳖被评为浙江省名牌产品，同时，先后获得杭州市十大名牌中华鳖、杭州市"七宝"农产品、浙江省农博会金奖、浙江省水产品"双十大"品牌等荣誉。

为了保证其生产的苗种质量与后续产品质量，除给予定期培训和提供优质苗种外，该公司还专派技术人员上门进行免费养殖技术指导和跟踪服务，及时解决基地养殖户在生产过程中出现的各种养殖技术难题，确保养殖户生产的中华鳖安全无公害，然后按订单要求进行回收销售。多年来的良种繁育推广及生态型养殖思路使企业得到了长足的发展和进步，产品档次不断提升，企业核心竞争力日趋增强，经营效益不断攀升，并将"龚老汉"中华鳖优良苗种推广至全国，且带动了一大批农民致富。

（三）冷江鳖业有限公司经营模式实例

冷江鳖业有限公司创立于 1996 年，是一家专业养殖销售生态鳖的宁波市市级农业龙头企业，拥有苗种培育基地 6.67 公顷，商品生产基地 130 余公顷，每年产优质中华鳖 50 余万只，产品销往宁波、杭州、绍兴、南京、上海等大中城市，深受消费者欢迎，已基本形成科研、养殖、销售一条龙产业体系。

2000 年，该公司针对当时中华鳖市场养殖鳖猛增，价格急剧下降，鳖品质下降，养殖企业多数亏损的局面，根据市场需求，结合自身实际情况，积极发展中华鳖的生态养殖，摒弃温室养殖，进行野外放养，投喂鲜活饵料，延长养殖周期，相继开发推出"鱼塘套养生态鳖""鱼、虾混养生态鳖""水库套养生态鳖""茭白田套养生态鳖""莲藕塘套养生态鳖""日本中华鳖的生态养殖"等多种生态鳖养殖模式。

为了生产出消费者能放心食用的无公害绿色水产品，保证产品质量，在具备良好生产环境的基础上，该公司在日常生产管理中，严格按国家和行业有关无公害农产品质量标准进行生产操作。为了保证有关标准的实施，2004 年该公司通过了 ISO 9001 质量管理体系认证，同年 12 月又通过了 HACCP 体系认证。内部管理在采用定制度、立规章科学管理的基础上，还结合"以人为本"的人文管理。为此，该公司多次请有关专家对员工进行技术培训和素质教育，从 2004 年以来，累计培训到 1 000 余人次，从而使其产品在历次抽查中次次合格，未出现过质量事故与消费者投诉。

此外，该公司近几年来积极发展"公司＋基地＋农户"的生产模式，以养殖基地为样板，以订单为纽带，按照"统一种苗""统一生产标准""统一管理检验""统一品牌包装""统一销售渠道"的"五统一"原则，在北纬30°生态中华鳖黄金线上，建立了湖南汉寿冷江鳖养殖联营基地、江西南昌冷江鳖养殖联营基地、江苏太湖冷江大闸蟹养殖基地，利用各地良好的生态资源加上现代化的管理手段，带动养殖户200余户进行生态养殖，取得了较好的经济效益和社会效益。

该公司近几年来依托超市、农贸市场作为销售平台，积极发展销售网络，已拥有超市销售网点50余个，农贸市场网点60余个，直营专卖店6家。2010年10月，该公司在淘宝网上注册了首家网店，开始在网上销售中华鳖，走上了线下、线上两路并进的营销之路。

（四）广东省东莞市好丰收水产养殖公司经营模式实例

好丰收水产养殖有限公司基地占地50公顷，位于风景秀丽的南粤名山——罗浮山脚下。养殖基地四周青山环绕，草木茂盛、葱绿，水源非常充足，水质优良、清澈，长流不息，空气清新、湿润。由于远离城市，人迹罕至，生态得到充分保护，到处鸟语花香，十分适合发展中华鳖等特种水产养殖生产。该公司将鳖类产品市场进行细分，瞄准了高端消费市场，诸如内地的高档酒店、私房菜馆以及我国香港和日本的中高端消费市场。为抢占市场竞争制高点，该公司和基地选择了一条与众不同的发展方向，即走仿生态养殖、追求产品高品质和实施名牌发展战略之路。

该公司养殖基地被青山环绕，山泉、溪水从中流过，大环境非常优良，这给基地营造优良的生态小环境创造了有利条件。该公司认真研究中华鳖的生物学、生态学特性，遵循其天然野生习性，因地制宜，因势利导，在养殖场建设中体现了科学、合理、高效的原则：①利用天然优质水源实行自动化排灌，且排灌渠道独立分开，自成系统；②池塘建得齐整划一，都是长方形；③池塘中间设置小岛，池塘四周保持原来的自然植被和生态环境，犹如纯天然生态环境，以供鳖休息、觅食和嬉戏。在该环境中长大的中华鳖具有野生中华鳖的优良品性，为仿生态中华鳖。

　　该公司根据中华鳖生长特性和成长规律，要求基地以投喂优质配合饲料为主，辅以鲜活鱼、虾、螺、蚌等肉食性饵料以及胡萝卜、大蒜、南瓜等青饲料。该饲料配方已经能够保持中华鳖的优良品质，但为进一步提高中华鳖的体能、活力和免疫力，该公司养殖基地还经常给中华鳖投喂党参、黄芪、当归、灵芝、金银花、螺旋藻等名贵中药材，不但起到防治养殖病害的作用，更重要的是增强中华鳖的营养保健功能，优化了中华鳖的肉质味道，丰富了中华鳖独特的品性风味。

　　该公司通过营造优良生态环境，投喂天然优质饲料及配料，养殖生产出来的中华鳖不是野生，但是胜似野生，自然是上品。为追求中华鳖的优质高品质，该公司首先是重视培育亲本。为保持中华鳖优良性状，通过提纯复壮，亲自选育和培育亲本，自繁自育苗种，只养殖由其自己繁育的苗种，以保证中华鳖品质纯正。其次是低密度放苗。和其他模式相比，该公司的放苗密度较低，虽然影响了产量，但是提高了质量，也增加了效益。更重要的是，该公司养殖生产周期较长，500克/只左右的"锦绣中华"牌中华鳖生长周期长达2～3年，大的长达3～5年。养殖周期长保证了鳖营养物质的积累和品质风味的形成。该公司养殖生产出来的中华鳖背甲坚硬且有光泽，底板带黄，裙边宽而厚实，肉质鲜嫩、爽滑、弹牙，具有浓郁的野生鳖风味，尤其是煲炖汤时，汤汁鲜甜，胶黏浓厚，是天然优质营养保健食品。

　　2003年，广东省农业厅经过评价核准，认为该公司水产养殖基地环境及产品符合我国无公害食品农业行业相关标准，为其颁发了《广东省无公害农产品证书》；2004年，农业部农产品质量安全中心经过认证，认为该公司养殖生产的中华鳖符合无公害农产品标准要求，为其颁发了《无公害农产品认证证书》，准予其在产品或产品包装上使用无公害农产品标志。该公司向工商部门为其生产的中华鳖注册了"锦绣中华"牌商标。该品牌一语双关，寓意深刻、吉祥、美好，犹如给高品质的中华鳖披上一件华丽的外衣，吸引人的眼球，激发人的消费欲望。

目前，该公司每年向广州、深圳等大中城市、我国香港和澳门及日本市场提供300吨以上优质大规格商品"锦绣中华"牌中华鳖，每500克该品牌商品鳖的价格稳定保持在100元上下，且供不应求。

附 录

附录一 中华鳖池塘养殖技术规范
（GB/T 26876—2011）

1 范围

本标准规定了中华鳖（*Pelodiscus sinensis* Wiegmann）养殖的术语和定义、环境条件、亲鳖培育、繁殖孵化、苗种培育与养成、捕捞及产品质量。

本标准适用于中华鳖的池塘养殖。

2 规范性引用文件

下列文件对于本文件的应用是必不可少的。凡是注日期的引用文件，仅注日期的版本适用于本文件。凡是不注日期的引用文件，其最新版本（包括所有的修改单）适用于本文件。

GB 13078 饲料卫生标准

GB/T 18407.4 农产品安全质量无公害水产品产地环境要求

GB 21044 中华鳖

NY 5051 无公害食品　淡水养殖用水水质

NY 5066 无公害食品　龟鳖

NY 5071 无公害食品　渔用药物使用准则

NY 5072 无公害食品　渔用配合饲料安全限量

SC/T 1047 中华鳖配合饲料

SC/T 9101 淡水池塘养殖水排放要求

3 术语和定义

下列术语和定义适用于本文件。

3.1 稚鳖 larval soft‐shelled turtle

体重 50 g 以下的中华鳖。

3.2 幼鳖 juvenile soft-shelled turtle

体重 50 g～250 g 的中华鳖。

3.3 成鳖 adult soft-shelled turtle

体重 250 g 以上的中华鳖。

3.4 亲鳖 breed soft-shelled turtle

用于人工繁育的性成熟的中华鳖。

4 环境条件

4.1 场地选择

养殖场地应符合 GB/T 18407.4 的规定，并选择环境安静、交通方便的地方建场，建有独立进、排水系统。

4.2 养殖用水

水源充足无污染，水质应符合 NY 5051 的要求。

4.3 鳖池

分土池和水泥壁池两种，以建成背风向阳、东西走向的长方形为宜。各类鳖池的设计参数详见表 1。

表 1 鳖池的设计参数

鳖池类型		面积 m²	池深 m	水深 m	池堤	
					坡度 °	堤面宽 m
土池	稚鳖池	500～1 500	1.2～1.5	0.8～1.0	20～30	2.5～3.0
	幼鳖池	1 500～3 000	1.5～2.0	1.0～1.5		
	成鳖池	1 500～5 000	2.0～2.5	1.5～2.0		
水泥壁池	稚鳖池	50～200	1.2～1.5	0.8～1.0	70～90	0.5～1.5
	幼鳖池	500～1 500	1.5～2.0	1.0～1.5		
	成鳖池	500～5 000	2.0～2.5	1.5～2.0		
	亲鳖池[a]	2 000～7 000				

[a] 亲鳖池建产卵房一侧的堤面宽度不少于 2 m。

4.4 防逃设施

土池用内壁光滑、坚固耐用的材料将各个养殖池围拦。围栏设施距塘边 50 cm 以上的池堤上，高出堤面 40 cm～50 cm，竖直埋入土中 15 cm～20 cm，池塘四角处围成弧形。水泥壁池池壁顶端用水泥板或砖块向内压檐 10 cm～15 cm。池塘进、排水口处安装金属或聚乙烯的防逃拦网。

4.5　晒台

在鳖池向阳面利用池坡用砖块或水泥板使池边硬化，做成与池边等长、宽约 1 m 的斜坡；或用木材或竹板做成浮排形晒台，固定于池中水面。

4.6　食台

土池采用水泥瓦楞板（65 cm×140 cm）作食台，食台数量按照稚鳖计划放养量每 200 只铺设一块，均匀铺设于池塘四周，食台背面与水面呈 20°～30°夹角，食台一半淹于水下，一半露出水面。水泥壁池采用 3 cm×4 cm 木条钉成长 3 m、宽 1 m～2 m 木框，上覆规格为 12 孔/cm（相当于 30 目）夏花网布沿池壁用竹桩固定，露出水面的食台背面与水面呈 15°夹角。

4.7　产卵房

在亲鳖池向阳的一边池埂上修建产卵房，要求防水防阳光直射。产卵房大小应根据雌鳖总数而定，每 100 只～120 只雌鳖建 2 m² 的产卵房，房高 2 m，房内铺厚约 30 cm 的细沙，沙面与地面持平，由鳖池铺设坡度小于 30°的斜坡至产卵房。

5　亲鳖培育

5.1　鳖池清整

排干池水，检修防逃设施，保持池底有 20 cm 左右软泥；每 667 m² 鳖池施用生石灰 100 kg～150 kg，化浆后全池泼洒，再曝晒 7 d～10 d。

5.2　亲鳖来源

亲鳖来源有以下途径：

——中华鳖原（良）种场生产或从原（良）种场引进的中华鳖苗种培育而成。

——从中华鳖天然种质资源库或未经人工放养的天然水域捕

捞，或从上述水域采集的中华鳖苗种培育而成。

5.3 亲鳖选择

5.3.1 种质

种质应符合 GB 21044 的规定。

5.3.2 外观

体形完整，体色正常，皮肤光亮，裙边宽阔有弹性，翻身灵活，体质健壮；无伤残，无畸变，无病灶。

5.3.3 年龄和体重

年龄 3 冬龄以上，体重大于 1.0 kg。

5.3.4 雌、雄鳖鉴别

雌鳖尾短，自然伸直达不到裙边；体厚，后腿之间距离较宽。

雄鳖尾长而粗壮，自然伸直超出裙边 1 cm 以上；体较雌鳖薄，后腿之间距离较窄。

5.4 放养

5.4.1 放养密度

放养密度一般为每 667 m² 水面 200 只～300 只。

5.4.2 雌、雄鳖比例

雌、雄鳖的放养比例为 4∶1～7∶1。

5.4.3 放养时间

选择在水温 5 ℃～15 ℃的晴天进行。

5.4.4 放养前消毒

常用体表消毒方法有以下两种，可任选一种：

——高锰酸钾：15 mg/L～20 mg/L，浸浴 15 min～20 min；

——1‰聚维酮碘：30 mg/L，浸浴 15 min。

5.4.5 放养方法

将经消毒的鳖用箱或盆运至鳖池水边，倾斜盛鳖容器口，让鳖自行游入鳖池。

5.5 饲养管理

5.5.1 投饲管理

5.5.1.1 饲料种类

亲鳖饲料种类有：

——配合饲料；

——动物性饲料：鲜活鱼、虾、螺、蚌、蚯蚓等；

——植物性饲料：新鲜南瓜、苹果、西瓜皮、青菜、胡萝卜等。

5.5.1.2　饲料质量

配合饲料的质量应符合 SC/T 1047 的规定。各种饲料的安全卫生指标，应符合 GB 13078 和 NY 5072 的规定。动物性饲料和植物性饲料投喂前应消毒处理，消毒方法见5.5.3.1e)。

5.5.1.3　投饲量

配合饲料的日投饲量（干重）为亲鳖体重的 1%～3%；鲜活饲料的日投饲量为鳖体重的 5%～10%；在繁殖前期应适当加大鲜活饲料投喂量。每次的投饲量以在 1 h 内吃完为宜。

5.5.1.4　投饲方法

投喂前鲜活饲料需洗净、切碎，配合饲料加工成软硬、大小适宜的团块或颗粒，投在未被水淹没的食台上。根据鳖的摄食情况确定每天投喂次数，水温 18 ℃～20 ℃时，2 d 1 次；水温 20 ℃～25 ℃时，每天 1 次，中午投喂；水温 25 ℃以上时，每天 2 次，分别为 9：00 前和 16：00 后。

5.5.1.5　清扫食台

每次投饲前清扫食台上的残饵，保持食台清洁。

5.5.2　池水管理

5.5.2.1　水位

池塘水位控制在 1.5 m～2.5 m。

5.5.2.2　水质

通过物理、化学、生物等措施调控水质，使养鳖池水质符合 NY 5051 的规定，水色保持黄绿或茶褐色，透明度 30 cm 左右，pH 值 6.5～8.5。

5.5.2.3　池水排放

池水排放应符合 SC/T 9101 的规定。

5.5.3　疾病防治

5.5.3.1 预防

预防的措施有：

a）保持良好的养殖环境，每 667 m² 鳖池投放螺、蚬等活饵50 kg～100 kg，夏季在鳖池中圈养水浮莲或凤眼莲，圈养面积不超过水面的五分之一；

b）清塘消毒：方法见 5.1；

c）池水消毒：除冬眠期间外，每月 1 次，用含有效氯 28% 以上的漂白粉 1 mg/L 或用生石灰 30 mg/L～40mg/L 化浆全池遍洒，两者交替使用；

d）工具消毒：养殖工具要保持清洁，并每周使用浓度为100 mg/L 的高锰酸钾溶液浸洗 3 min；

e）饲料消毒：对于投饲的动、植物饲料，洗净后可用浓度为20 mg/L 的高锰酸钾溶液浸泡 15 min～20 min，再用淡水漂洗后投喂；

f）食台消毒：每周一次用含氯制剂溶液泼洒食台与周边水体，其浓度为全池遍洒浓度的 2 倍～3 倍。

5.5.3.2 治疗

养殖期间发生鳖病，应确切诊断、对症用药。药物使用按 NY5071 的规定执行。

6 产卵孵化

6.1 产卵

6.1.1 产卵季节

4 月至 9 月（水温 23℃～32℃）雌鳖产卵，6 月至 7 月为产卵高峰期。

6.1.2 产卵环境

环境安静，产卵房沙层湿度适宜，含水量约为 7%，即以手捏成团，松手即散为准。

6.1.3 产卵前准备

雌鳖产卵前 7 d，翻松板结的沙层，清除块石、野草等杂物，调整沙层适宜的湿度。

6.1.4　鳖卵收集

在产卵季节，管理人员每天早晨巡视产卵房，对新发现的卵窝做好标记，下午进行收卵。收卵时，扒开卵窝上覆的沙层，取出鳖卵，动物极朝上，轻放于底部垫有松软底物的容器内．避免鳖卵因撞击和挤压而损坏。收卵后将产卵场的沙抹平。

6.2　人工孵化

6.2.1　孵化设备

孵化设备一般有恒温箱和恒温室。

6.2.2　受精卵的鉴别

按表 2 选择受精卵孵化。

表 2　鳖卵特征

名称	特征
受精卵	外观可见一个圆形的白色亮区（即动物极），随着胚胎发育的进展，圆形白色亮区逐步扩大；白色亮区边缘界线清晰，整齐，无残缺。
弱精卵	外观可见一个白点或白区，但若明若暗、不规则，随着胚胎发育的进展，白色区域不再扩大；白色区域边缘界线不清晰，不整齐。
未受精卵	外观无白色亮区。

6.2.3　孵化条件

鳖卵人工孵化，应满足以下条件：

a）温度：孵化介质（沙、海绵等）温度控制在 30 ℃～32 ℃；

b）湿度：在恒温箱或控温孵化房内进行人工孵化，空气湿度为 75％～85％；

c）含水量：孵化介质（沙、海绵等）的含水量控制在 6％～8％。

6.2.4　孵化操作

将经过鉴别的受精卵动物极向上，分层成排整齐地埋藏在孵化介质中，卵间距 1 cm。

6.2.5　孵化时间

从鳖卵产出到稚鳖出壳的整个过程，约需积温 36 000 ℃ • h。在 32 ℃ 的条件下，历时约 45 d。

6.3　稚鳖暂养

刚出壳的稚鳖先放在内壁光滑的容器或水池中暂养，暂养密度控制在每平方米 100 只左右，暂养水深保持 2 cm～5 cm，24 h 后移至稚鳖池培育。

7　苗种放养与养成

7.1　放养前准备

7.1.1　清塘消毒

按 5.1 的规定执行。

7.1.2　注水施肥

消毒 3 d～7 d 后鳖池注水 70 cm，注水时用规格为 28 孔/cm（相当于 70 目）筛绢网过滤。注水后池水透明度大于 30 cm 以上时，每 667 ㎡ 需施经发酵腐熟的有机肥 50 kg～200 kg。

7.1.3　活饵培育

施肥后 7 d～10 d，每 667 ㎡ 放养抱卵青虾（日本沼虾）2 kg～4 kg 和螺蛳 50 kg。

7.2　苗种放养

7.2.1　苗种质量要求

裙边舒展，翻身灵活，体质健壮，规格整齐，无伤无病，无畸形。外购的苗种应检疫合格。

7.2.2　鳖体消毒

鳖体消毒方法见 5.4.4。

7.2.3　放养时间

稚鳖放养选择水温在 20 ℃ 以上时进行，幼鳖分养选择在水温 5 ℃～20 ℃ 的晴天进行。

7.2.4　放养方法

按 5.4.5 的规定执行。

7.2.5　放养密度

苗种放养密度详见表3。

表3　不同规格苗种的放养密度

规格	放养密度	
	土池 只/667 m²	水泥壁池 只/m²
稚鳖	4 000～6 000	20.0～30.0
幼鳖	1 300～2 000	5.0～8.0
成鳖	1 000～1 300	2.0～3.0

7.2.6　鱼类套养

稚鳖养殖池每667 m² 套养鲢、鳙夏花鱼种200尾，幼鳖及成鳖池每667m² 套养体重50 g～100 g的鲢鳙鱼种100尾，鲢、鳙鱼比例为2∶1。

如套养其他品种时，以不影响鳖的正常生长为前提。

7.3　饲养管理

7.3.1　投饲管理

7.3.1.1　饲料种类

鳖用配合饲料。

7.3.1.2　投喂方法

投喂应坚持"四定"原则，即：

a）定点：稚鳖放养初期，饲料投喂在食台的水下部分，30 d后逐步改为投放在食台的水上部分；

b）定时：水温20 ℃～25 ℃时，每天1次，中午投喂；水温25 ℃以上时，每天2次，分别为9∶00前和16∶00后；

c）定质：配合饲料质量应符合 SC/T 1047 的规定，安全卫生指标应符合 GB/T 18407.4 和 NY 5071 的规定；

d）定量：长江流域不同规格鳖的饲料日投饲量见表4。具体投饲量的多少应根据气候状况和鳖的摄食强度进行适当调整，每次所投的量控制在1 h内吃完。

表4　长江流域池塘养鳖不同月份配合饲料日投率

单位:%

规格	饲料种类	4月	5月	6月	7月	8月	9月	10月
稚鳖	稚鳖饲料	—	5.0～6.0	5.0～6.0	5.0～5.5	4.5～5.0	3.0～3.5	1.0～1.5
幼鳖	幼鳖饲料	1.0	1.0～1.5	1.5～2.0	2.5～3.0	3.0～3.5	2.0～2.5	1.0～1.5
成鳖	成鳖饲料	1.0	1.0～1.5	1.5～2.0	2.0～2.5	2.0～2.5	1.5～2.0	1.0

注：珠江流域或黄河流域不同月份配合饲料日投饲率可分别提前或推迟一个月左右的时间。

7.3.1.3　清扫食台

按5.5.1.5的规定。

7.3.2　池水管理

7.3.2.1　水位

稚鳖放养时水位应控制在70 cm左右，以后随着个体的长大逐步提高水位，成鳖养殖池塘水位控制在1.5 m～2.0 m。

7.3.2.2　水质

按5.5.2.2的规定执行。

7.3.3　敌害防除

稚鳖池四周及上空应架设防鸟网，发现蛇、鼠等敌害生物及时驱除。

7.3.4　疾病防治

按5.5.3的规定。

7.3.5　越冬管理

鳖池水深保持在1.5 m以上，溶解氧不低于4 mg/L；冬眠期间鳖池不宜注水和排水。

7.3.6　池水排放

按5.5.2.3的规定。

7.3.7　建立养殖档案

养殖全过程应建立生产记录、用药记录和产品销售记录等档案，便于质量追溯。

8　捕捞

整塘捕捉可放干池水后进行人工翻泥捕捉，生长季节内的少量捕捉可采用徒手捕捉或鳖枪钓捕。

9　产品质量要求

养殖产品质量应符合 NY 5066 的要求。

附录二　中华鳖　亲鳖和苗种
（SC/T 1107—2010）

1　范围

本标准规定了中华鳖 *Pelodiscus sznensis* Wiegmann 亲鳖和苗种的来源、质量要求、检验方法和判定规则。

本标准适用于中华鳖亲鳖和苗种的质量评定。

2　规范性引用文件

下列文件对于本文件的应用是必不可少的。凡是注日期的引用文件，仅注日期的版本适用于本文件。凡是不注日期的引用文件，其最新版本（包括所有的修改单）适用于本文件。

GB/T 18654.2　养殖鱼类种质检验　第 2 部分：抽样方法

GB 21044　中华鳖

NY 5070　无公害食品　水产品中渔药残留限量

NY 5073　无公害食品　水产品中有毒有害物质限量

农业部 1192 号公告—1—2009　水产苗种违禁药物抽检技术规范

3　术语和定义

GB 21044 确立的术语和定义适用于本文件。

4　亲鳖

4.1　来源

4.1.1　由持有国家行业主管部门发放生产许可证的中华鳖原良种场生产的亲鳖，或从上述原良种场引进的中华鳖苗种，经以动物性鲜活饵料为主培育成的亲鳖。

4.1.2 从中华鳖天然种质资源库或从江河、水库、湖荡等未经人工放养的天然水域捕捞的亲鳖，或从上述水域采集的中华鳖苗种，经以动物性鲜活饵料为主培育而成的亲鳖。

4.1.3 严禁近亲繁殖的中华鳖后代用作亲鳖。一般生产单位（非原良种场）繁殖的雌鳖、雄鳖不得同时留作本单位的亲鳖。

4.2 质量要求

4.2.1 种质

应符合 GB 21044 的规定。

4.2.2 年龄

用于繁殖的中华鳖亲鳖年龄要求见表1。

表1 用于繁殖的中华鳖亲鳖年龄

地理区域	雄亲鳖年龄	雌亲鳖年龄
华南地区	2冬龄以上	3冬龄以上
长江中下游地区	3冬龄以上	4冬龄以上
江淮地区	4冬龄以上	5冬龄以上
黄河以北地区	5冬龄以上	6冬龄以上

4.2.3 外观

4.2.3.1 躯体

躯体完整，体表无病灶，无伤残、无畸形。

4.2.3.2 背体色

背体色随水色的变化而变化，鲜艳，有光泽。

4.2.3.3 裙边

裙边舒展，无残缺，不下垂，不上翘。

4.2.3.4 尾长

雄性亲鳖露出裙边外 1.5 cm 以上；雌性亲鳖不露出裙边外。

4.2.3.5 头

头能伸缩自如，口颈无钓钩或无钓线残留。

4.2.3.6 腹部

腹部平整、光洁；四肢窝无注射针孔的红斑点，体腔不水肿。

4.2.4　可量性状

4.2.4.1　体重

雄亲鳖和雌亲鳖均应大于 1 000 g。

4.2.4.2　背甲长/体高比

雌亲鳖 2.7～3.3。

4.2.5　健康状况

无细菌、病毒、寄生虫等病原寄生及营养缺乏、环境不良等因素引起的疾病。

4.2.6　活力

4.2.6.1　行动

在水中能快捷游动；在陆地上能快捷爬行。

4.2.6.2　反应

外界稍有惊动即能迅速逃逸。

4.2.6.3　翻身

人为将其躯体腹部朝上 3 次以上，均能迅速翻身逃逸。

5　苗种

5.1　来源

由符合第 4 章规定的亲鳖所繁育的苗种。

5.2　质量要求

5.2.1　种质

应符合 GB 21044 的规定。

5.2.2　外观

5.2.2.1　躯体

躯体完整，体表无病灶，无伤残，无畸形，同批苗种应规格整齐。

5.2.2.2　腹部

卵黄囊已全部吸收，脐孔封闭。

5.2.2.3　体色

背甲呈黄褐色，无白化；腹部呈红色，且颜色越浓，体质越健壮。

5.2.2.4 裙边

裙边舒展，无残缺，不下垂，不上翘。

5.2.3 可量性状

中华鳖优质苗种的背甲长与体重对照见表2。

表2 中华鳖优质苗种背甲长与体重关系

体重，g	4～10	10～20	20～30	30～40	40～50
体长，cm	2.8～4.0	4.0～5.2	5.2～5.8	5.8～6.4	6.4～7.1

5.2.4 健康状况

按4.2.6的规定执行。

5.2.5 活力

按4.2.7的规定执行。

5.2.6 质量安全要求

应符合NY 5070和NY 5073的规定。

6 检验方法

6.1 取样

按GB/T 18654.2规定的方法进行。

6.2 测定

6.2.1 种质检验

按GB 21044的规定执行。

6.2.2 亲鳖年龄

查阅养殖档案确定。

6.2.3 感官检测

在光线充足的环境中用肉眼目测。

6.2.4 体重

先用吸水纸吸去体表附水，再用感量为0.1 g的天平称量。

6.2.5 体长

用精度为0.1 mm的数显游标卡尺测量。

6.2.6 违禁药物和有毒有害物质检测

6.2.6.1　违禁药物检测

按农业部 1192 号公告—1—2009 的规定执行。

6.2.6.2　有毒有害物质检测

按 NY 5073 的规定执行。

6.2.7　钓钩检测

用手持金属探测器探测。

7　判定规则

7.1　亲鳖

亲鳖检验结果全部达到第 4 章规定的各项指标要求，则判定本批中华鳖亲鳖合格。亲鳖检验结果中有两项及两项以上指标不合格，则判定不合格。亲鳖检验结果有一项指标不合格，允许重新抽样将此项指标复检一次，复检仍不合格的，则判定不合格。

7.2　苗种

苗种检验结果全部达到第 5 章规定的各项指标要求，则判定本批中华鳖苗种合格。苗种检验结果中若违禁药物和有毒有害等安全指标有一项不合格即判定不合格。其他有两项及两项以上指标不合格，则判定不合格。

附录三　中华鳖养殖禁用药物及常用渔药的使用方法和休药期

附表 3-1　中华鳖养殖禁用渔药

药物名称	化学名称(组成)	别　名
地虫硫磷	O-乙基-S 苯基二硫代磷酸乙酯	大风雷
六六六	1,2,3,4,5,6 六氯环己烷	
林丹	γ 1,2,3,4,5,6 六氯环己烷	丙体六六六
毒杀芬	八氯莰烯	氯化莰烯
滴滴涕	2,2-双(对氯苯基)-1,1,1-三氯乙烷	

（续）

药物名称	化学名称（组成）	别　名
甘汞	二氯化汞	
硝酸亚汞	硝酸亚汞	
醋酸汞	醋酸汞	
呋喃丹	2,3 二氢 2,2 二甲基 7-苯并呋喃基-甲基氨基甲酸酯	克百威、大扶农
杀虫脒	N-(2-甲基-4-氯苯基)N′,N′-二甲基甲脒盐酸盐	克死螨
双甲脒	1,5-双-(2,4-二甲基苯基)-3-甲基-1,3,5-三氮戊二烯-1,4	二甲苯胺脒
氟氯氰菊酯	α-氰基-3-苯氧基-4-氟苄基(1R,3R)-3-(2,2-二氯乙烯基)-2,2-二甲基环丙烷羧酸酯	百树菊酯、百树得
氟氰戊菊酯	(R,S)-α-氰基-3-苯氧苄基-(R,S)-2-(4-二氟甲氧基)-3-甲基丁酸酯	保好江乌、氟氰菊酯
五氯酚钠	五氯酚钠	
孔雀石绿	$C_{23}H_{25}ClN_2$	碱性绿、孔雀绿
锥虫胂胺		
酒石酸锑钾	酒石酸锑钾	
磺胺噻唑	2-(对氨基苯磺酰胺)-噻唑	消治龙
磺胺脒	N_1-脒基磺胺	磺胺胍
呋喃西林	5-硝基呋喃醛缩氨基脲	呋喃新
呋喃唑酮	3-(5-硝基糠叉胺基)-2-噁唑烷酮	痢特灵
呋喃那斯	6-羟甲基-2-[-(5-硝基-2-呋喃基乙烯基)]吡啶	P-7138(实验名)

药物名称	化学名称(组成)	别　名
氯霉素及其盐、酯及制剂	由委内瑞拉链霉素产生或合成法制成	
红霉素	属微生物合成,是 *Streptomyces eyythreus* 产生的抗生素	
杆菌肽锌	由枯草杆菌 *Bacillus subtilis* 或 *B. lichenformis* 所产生的抗生素,为一含有噻唑环的多肽化合物	枯草菌肽
泰乐菌素	*S. fradiae* 所产生的抗生素	
环丙沙星	为合成的第三代喹诺酮类抗菌药,常用盐酸盐水合物	环丙氟哌酸
阿伏帕星		阿伏霉素
喹乙醇	喹乙醇	喹酰胺醇羟乙喹氧
速达肥	5-苯硫基 2-苯并咪唑	苯硫哒唑氨甲基甲酯
己烯雌酚	人工合成的非甾体雌激素	乙烯雌酚,人造求偶素
甲基睾丸酮	睾丸素 C_{17} 的甲基衍生物	甲睾酮,甲基睾酮

资料来源:《无公害食品　渔用药物使用准则》(NY5071—2002)。

附表 3-2　中华鳖养殖常用渔药的使用方法和休药期

药物名称	用法与用量	休药期	注意事项
生石灰	带水清塘:200~250毫克/升;全池泼洒:20~25毫克/升		现配现用,不得与漂白粉、重金属盐、有机络合物等混用

（续）

药物名称	用法与用量	休药期	注意事项
漂白粉	带水清塘：20毫克/升；全池泼洒：1.0～1.5毫克/升	≥5天	不得与酸类、福尔马林、生石灰等混用
高锰酸钾	一般为10～20毫克/升		不宜与氨制剂、碘、酒精等混用
二氯异氰尿酸钠	全池泼洒：0.3～0.6毫克/升	≥10天	
三氯异氰尿酸钠	全池泼洒：0.2～0.5毫克/升	≥10天	现配现用，在阴天傍晚，避用金属器具，保存于干燥通风处
二氧化氯	浸浴：20～40毫克/升，5～10分钟；全池泼洒：0.1～0.2毫克/升	≥10天	现配现用，避用金属器具，不与其他消毒剂混用
二溴海因	全池泼洒：0.2～0.3毫克/升		不可与其他阳离子表面活性剂、碘、高锰酸钾、生物碱及盐类消毒药合用
氯化钠	浸浴：1%～3%，5～20分钟		
碘制剂	全池泼洒：1.2～2毫克/升		避光保存，杀菌受有机物含量影响。不宜与碱、重金属盐、季铵盐、硫代硫酸钠等混用
土霉素	浸浴：20～50毫克/升；口服：每千克体重5～10克，连用4～6天	≥30天	避光保存
病毒唑	拌饵投喂：每千克体重100～150毫克，连用3～5天		长期大剂量会引起贫血

药物名称	用法与用量	休药期	注意事项
氟苯尼考	拌饵投喂：每千克体重 10 毫克，连用 4～6 天	375 度日	避光、密闭保存
硫酸铜	浸浴：8 毫克/升，15～30 分钟；全池泼洒：0.5～0.7 毫克/升		
敌百虫	浸浴：1% 敌百虫，连续 2 天	≥10 天	不用金属容器盛放，不与其他碱性药物合用
大蒜素（10%）	每千克体重 0.2 克，连用 4～6 天		

参 考 文 献

蔡波，王跃招，陈跃英，等 . 2015. 中国爬行纲动物分类厘定，生物多样性，
　　23（3）：365—382.

蔡完其，宫兴文，孙佩芳 . 2001. 中华鳖太湖群体和台湾群体非特异性免疫功
　　能比较［J］. 水生生物学报，25（1）：95—97.

蔡完其，李思发，刘至治，等 . 2002. 中华鳖七群体稚鳖—成鳖阶段养殖性能
　　评估［J］. 水产学报，26（5）：433—439

蔡完其，李思发，刘至治 . 2002. 中华鳖七群体稚鳖—成鳖阶段养殖性能评估
　　［J］. 水产学报，26（5）：433—439.

陈怀青，陆承平 . 1997. 气单胞菌研究进展［J］. 鱼类病害研究，19（3）：
　　18—33.

陈建辉，谢一俊，郭维植，等 . 2007. 鳖蛋携带肠杆菌科细菌的调查［J］. 中
　　国食品卫生杂志（3）：267—269

陈信忠，黄印尧 . 1997. 我国鳖病及其防治研究进展［J］. 福建水产（3）：
　　62—68.

川崎义一，朱正军，冉旭 . 1987. 鳖各种疾病的症状和对策［J］. 福建水产
　　（4）：91—93.

戴邦元 . 1999. 鳖越冬死亡症的病因及预防措施［J］. 农家科技（9）：22.

韩先朴 . 1997. 中华鳖几种常见病的防治［J］. 鱼类病害研究，19（1）：111.

何中央 . 2013. 水产种业育繁推一体化体系构建及运行机制探讨——中华鳖现
　　代种业建设［J］. 海洋与渔业（10）：91—93.

贺姬平，黄少英，陆敏，等 . 2006. 进口鳖蛋中首次检出霍乱弧菌［J］. 中国
　　国境卫生检疫杂志（6）：365—366

洪美玲，付丽容，王锐萍，等 . 2003. 龟鳖动物疾病的研究进展［J］. 动物学
　　杂志，38（6）：115—119.

贾亚东 . 2007. 不同品种、品系中华鳖杂交试验研究及中华鳖对 LPS 的免疫应
　　答［D］. 武汉：华中农业大学 .

贾艳菊，杨振才 . 2007. 膨化饲料动植物蛋白比对中华鳖稚鳖生长特性的影响

[J]. 水生生物学报, 31 (4): 570—575.

李思发, 蔡完其, 刘至治, 等. 2004. 中华鳖七群体体形和腹部黑斑图案的差异比较 [J]. 水产学报, 28 (1): 15—22.

刘鹰, 王玲玲, 徐林娟. 2000. 甲鱼养殖废水蔬菜土培处理系统的应用分析 [J]. 农业环境保护, 19 (1): 7—9.

施军, 李庆乐. 2005. 优良鳖种杂交技术应用 [J]. 淡水渔业, 35 (2): 218—220.

王培潮. 2000. 中国的龟鳖 [M]. 上海: 华东师范大学出版社: 50—56.

王卫民, 樊启学, 黎洁. 2010. 养鳖技术 [M]. 北京: 金盾出版社.

王忠华, 汪财生, 钱国英. 2009 中华鳖杂交后代生长与营养性状研究初报 [J]. 江西农业科学 (5): 221—223.

吴萍, 楼允东, 李思发. 1999. 两不同地域中华鳖的核型 [J]. 上海海洋大学学报, 8 (1): 6—11

吴萍, 楼允东. 1999. 两不同地域中华鳖的核型 [J]. 上海水产大学学报, 8 (1): 6—11.

徐兴川, 陈延林. 2004. 龟鳖养殖实用大全 [M]. 北京: 中国农业出版社.

颜素芬, 姜永华. 2002. 鳖白底板病的显微和超微结构观察 [J]. 集美大学学报: 自然科学版, 7 (2): 113—118.

袁桂良, 刘鹰. 2001. 凤眼莲对集约化甲鱼养殖污水的静态净化研究 [J]. 农业环境保护, 20 (5): 322—325.

臧素娟, 姜增华. 2000. 氨对甲鱼的危害及防治对策 [J]. 江西水产科技 (1): 44.

张超, 张海琪, 许晓军, 等. 2014. 中华鳖 (*Pelodiscus sinensis*) 不同品系线粒体 SNP 的分型与鉴定 [J]. 海洋与湖沼, 45 (2): 376—381.

张超, 张海琪, 许晓军, 等. 2014. 中华鳖 2 个培育品系的 16S rRNA 基因多态性比较分析 [J]. 中国水产科学, 21 (2): 398—404.

张海琪, 何中央, 徐晓林, 等. 2008. 中华乌鳖的营养成分研究 [J]. 中国水产 (6): 76, 78.

张海琪, 何中央, 邵建忠. 2011. 中华鳖培育新品种群体遗传多样性的比较研究 [J]. 经济动物学报, 15 (1): 40—46.

张海琪, 何中央, 严寅央. 2012. 中华鳖日本品系养殖现状与发展思路 [J]. 浙江农业科学 (5): 742—744.

张士良, 刘鹰. 2002. 水培番茄对甲鱼养殖废水的净化和滤清 [J]. 农业环境保护，21（2）：171—172，182.

章剑，王保良.2008.龟鳖病害防治黄金手册［M］.北京：海洋出版社.

赵乐宓，张学文，赵蕙，等.2000.中国两栖纲和爬行动物校正名录［J］.四川动物，19（3）：196—207.

赵万鹏，任长江.2000.中华鳖腐皮病的病理组织学初步研究［J］.信阳师范学院学报：自然科学版，13（2）：182—184.

周凡，丁雪燕，何丰，等.2014.中华鳖日本品系对6种饲料蛋白原料表观消化率的研究［J］.水生态学杂志，35（1）：81—86.

周工健，李健中，尹绍武，等.2002.稚鳖腹面颜色的差异与鳖种鉴别关系探讨［J］.湖南师范大学：自然科学版，25（3）：77—80.

周天元.1994.甲鱼全息杂交的试验报告［J］.水产科学，13（6）：30—32

周玉.2001.鳖常见病及其防治［J］.特种经济动植物，4（3）：41.

朱秋华，钱国英.2001.3种药物在甲鱼体内的残留研究［J］.中国水产科学，8（3）：50—53

彩图1

彩图2

彩图3

彩图1　中华鳖背面观
彩图2　中华鳖腹面观
彩图3　中华鳖卵
彩图4　鳖苗破壳

彩图4

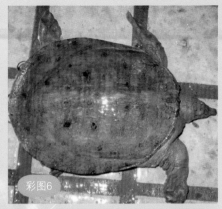

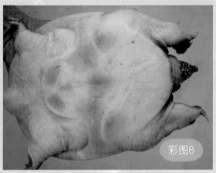

彩图5　中华鳖日本品系背面观
彩图6　普通中华鳖背面观
彩图7　中华鳖日本品系稚鳖腹面观
彩图8　中华鳖日本品系成鳖腹面观
彩图9　清溪乌鳖背面观

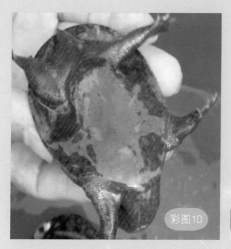

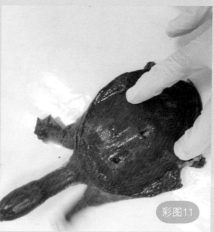

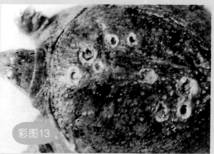

彩图10　清溪乌鳖腹面观
彩图11　腐皮病
彩图12　红脖子病
彩图13　疖疮病
彩图14　白斑病

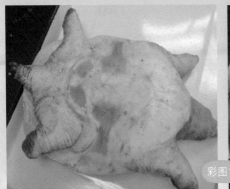
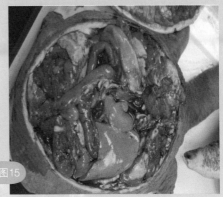

彩图15

彩图16

彩图17

彩图18

彩图15　鳃腺炎
彩图16　红底板病
彩图17　白底板病
彩图18　穿孔病